MATEMÁTICAS
para todos

Ziauddin Sardar, Jerry Ravetz y Borin Van Loon

Editado por Richard Appignanesi

PAIDÓS

Barcelona
Buenos Aires
México

Título original: *Introducing Mathematics*
Publicado en inglés, en 1999, por Icon Books Ltd., Cambridge, R.U.

Traducción de Anna Cots Serra

© 1999 Ziauddin Sardar y Jerry Ravetz
© 1999 Borin van Loon (ilustraciones)
© 2005 de la traducción, Anna Cots Serra
© 2005 de todas las ediciones en castellano,
  Ediciones Paidós Ibérica, S.A.,
  Mariano Cubí, 92 - 08021 Barcelona
  http://www.paidos.com

ISBN: 84-493-1801-7
Depósito legal: B-15.360/2006

Impreso en Novagràfik, S.L.,
Vivaldi, 5 - 08110 Montcada i Reixac (Barcelona)

Impreso en España - Printed in Spain

¿POR QUÉ MATEMÁTICAS?

La palabra «matemáticas» produce recelo. Se piensa que el mundo está dividido en dos clases de individuos. Los «listos», que entienden las matemáticas pero no son las personas que a uno le gustaría encontrar en una fiesta...

Pero todos necesitamos entender las matemáticas hasta cierto punto. Sin ellas, la vida sería inconcebible.

Ciertamente, las matemáticas se han convertido en la guía para el mundo en que vivimos, el mundo al que damos forma y cambiamos, y del cual formamos parte. Y como éste se vuelve cada vez más y más complejo, y las incertidumbres que nos rodean se vuelven más urgentes y amenazadoras, necesitamos las matemáticas para describir los riesgos a los que nos enfrentamos y planear los remedios.

La capacidad para tratar con las matemáticas requiere de técnica y un talento especial, igual que cualquier otra habilidad, como la danza. Igual que la perfecta ejecución de un ballet es sofisticada y exquisita, la demostración de un teorema puede ser elegante y hermosa.

Pero aunque la mayoría de nosotros no podemos ser expertos bailarines, todos sabemos qué es la danza y prácticamente todos podemos bailar. Del mismo modo, todos deberíamos saber de qué tratan las matemáticas y ser capaces de entender y manejar algunos casos básicos.

Temer las matemáticas es como temer la danza.

Ambas se pueden superar con un poco de práctica.

La música es el placer que el alma humana experimenta al contar sin darse cuenta de que está contando.

LEIBNIZ

CONTAR

De algún modo, los jóvenes principiantes en las matemáticas rehacen los pasos de la humanidad en el desarrollo del conocimiento matemático.

En la escuela, los niños aprenden a contar, a calcular y a medir. Cuando ya saben, estas técnicas les parecen «elementales». Pero para los principiantes están llenas de misterio.

La nomenclatura de los números se vuelve más difícil a medida que éstos crecen. Contar hasta cien es aburrido, ¡pero llegar a mil es como escalar una montaña! ¿Cuál es el último número, el mayor de todos?

Si este número no existe, entonces ¿qué hay al final?

¿Cómo podemos nombrar a los números de modo que al mencionar uno sepamos cuál es el siguiente? Quizá sólo unos pocos números bastan. Algunos animales pueden reconocer cantidades de hasta cinco o siete; más son ya simplemente «muchos». Pero si sabemos que los números continúan indefinidamente, no podemos inventarnos nuevos nombres eternamente a medida que van aumentando.

El lenguaje de los indios dakota no era escrito.

Esta «tabla de contar inviernos» está hecha de tela y los pictogramas se dibujaron con tinta negra. Anualmente, se añadía un nuevo pictograma para mostrar el acontecimiento más importante del año.

La mejor forma de sistematizar el contar y nombrar los números es utilizando una «**base**», un número que marca el inicio de un nuevo ciclo. La base más simple es el 2. Por ejemplo, los gumulgal, unos indígenas australianos, contaban así:

1 = urapon
2 = ukasar
3 = ukasar-urapon
4 = ukasar-ukasar
5 = ukasar-ukasar-urapon

Esto puede parecer primitivo y aburrido.

Pero la base 2, en su forma de 0 y 1...

...se utiliza en los ordenadores digitales como base para todos los cálculos.

Los dedos de las manos son muy útiles para definir bases. Algunos sistemas utilizan el 5, pero el 10 es el más común. Aunque se puede utilizar cualquier otro número. La moneda antigua británica tenía varias bases: el 12 (peniques por chelín), el 20 (chelines por libra), e incluso el 21 (¡chelines por guinea!). Los tenderos necesitaban un libro de cálculo para sus cuentas. Y cuando la gente compraba a plazos había que decirles que sus muebles costaban 155 guineas, o 104 pagas semanales de 1 libra, 15 chelines y 7 peniques y medio.

¿Podríamos calcular los intereses?

No es de extrañar que los préstamos a plazos se llamaran los <<nunca más>>...

¡Nunca acababan!

La base 20 (¿los dedos de las manos y de los pies?) también es muy común. Los yoruba la utilizaban, nombrando con restas los números grandes inferiores a la base. Tenían diferentes nombres para los números del 1 (*okan*) al 10 (*eewa*). Del 11 al 14, simplemente sumaban. Así, el 11 era «1 más que el 10» y el 14 «4 más que el 10». Pero del 15 en adelante restaban. De esta manera, el 15 era «20 menos 5» y el 19 «20 menos 1».

La base 20 aún sobrevive en Francia, donde 80 es «cuatro veintes» y 99 es «cuatro veintes diecinueve».

Los ordenadores emplean un sistema de base 2.

Ninguna base es «la mejor». Podemos pensar en un sistema numérico como si estuviera diseñado con diferentes ventajas: fácil de recordar, conveniente para la nomenclatura, útil para los cálculos, etc.

Cuando se desarrolla un sistema numérico, y se ha definido la base, hay que desarrollar las cuatro funciones básicas de la aritmética...

SUMA
RESTA
MULTIPLICACIÓN
DIVISIÓN

...para realizarlas fácilmente.

NÚMEROS ESCRITOS

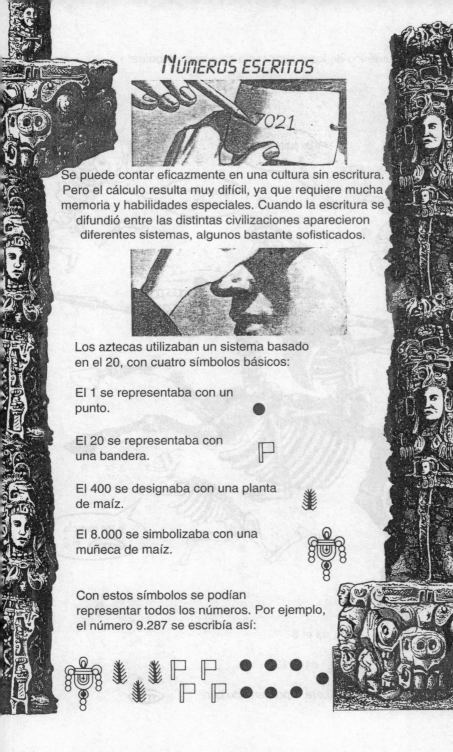

Se puede contar eficazmente en una cultura sin escritura. Pero el cálculo resulta muy difícil, ya que requiere mucha memoria y habilidades especiales. Cuando la escritura se difundió entre las distintas civilizaciones aparecieron diferentes sistemas, algunos bastante sofisticados.

Los aztecas utilizaban un sistema basado en el 20, con cuatro símbolos básicos:

El 1 se representaba con un punto.

El 20 se representaba con una bandera.

El 400 se designaba con una planta de maíz.

El 8.000 se simbolizaba con una muñeca de maíz.

Con estos símbolos se podían representar todos los números. Por ejemplo, el número 9.287 se escribía así:

El sistema numérico de los mayas tenía sólo tres símbolos:

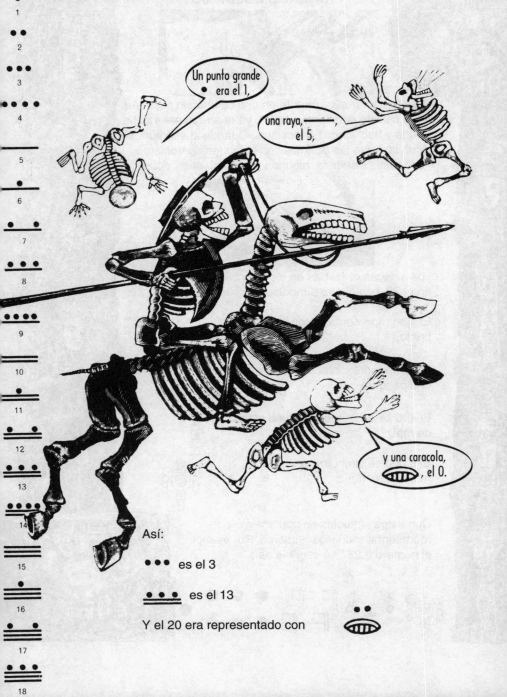

Así:

••• es el 3

••• (con raya) es el 13

Y el 20 era representado con

Los antiguos egipcios (h. 4000-3000 a.C.) utilizaban una escritura pictográfica (jeroglíficos) para representar sus números.

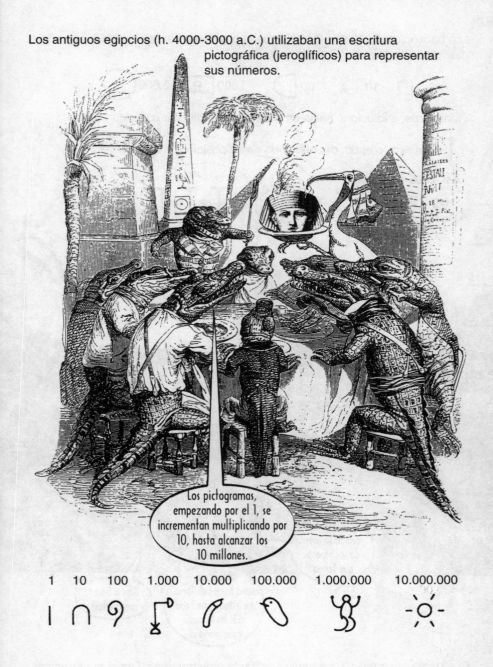

Los pictogramas, empezando por el 1, se incrementan multiplicando por 10, hasta alcanzar los 10 millones.

| 1 | 10 | 100 | 1.000 | 10.000 | 100.000 | 1.000.000 | 10.000.000 |

Los babilonios (h. 2000 a.C.) utilizaban un sistema basado en el 60 y sus múltiplos, con los símbolos siguientes:

1 ⟃   10 ○   60 ⟄   600 ⟬⊙⟭   3.600 ○

Más tarde, evolucionó hacia un sistema que utilizaba sólo dos valores:

𝐓 para el 1 (o el 60, dependiendo de su posición) y **<** para 10

Así, el 95 se escribía

$$95 = 60(1) + 35:$$

El sistema sexagesimal ha persistido hasta nuestros días. Las circunferencias tienen 360 grados; las horas 60 minutos; los minutos 60 segundos.

En la antigua China (h. 1400-1100 a.C.) se usaba un sistema numérico de base 10 con símbolos para los números del 1 al 10, para el 100, el 1.000 y el 10.000. Más tarde, alrededor del siglo II a.C., China desarrolló un sistema con líneas rectas (o barras),

Un modelo típicamente oriental.

que representaba los números del 1 al 9. Se podía colocar las barras verticalmente:

u horizontalmente:

Normalmente, las barras verticales representaban las unidades y centenas, y las horizontales las decenas y millares. Así, 6.708 se escribiría:

con el espacio en blanco representando el cero.

China es la responsable del gran invento de separar el mundo de los números escritos del mundo de los números «hablados». Se creó un sistema de «valor-posición». El significado de un número, en una expresión o cantidad, dependía de su posición en la cadena numérica. Así, el «2» podía valer 2, 20 o 200 dependiendo de su localización. Esto hizo innecesario dar nombre a las bases elevadas (en 234 sabemos que el 2 significa 200).

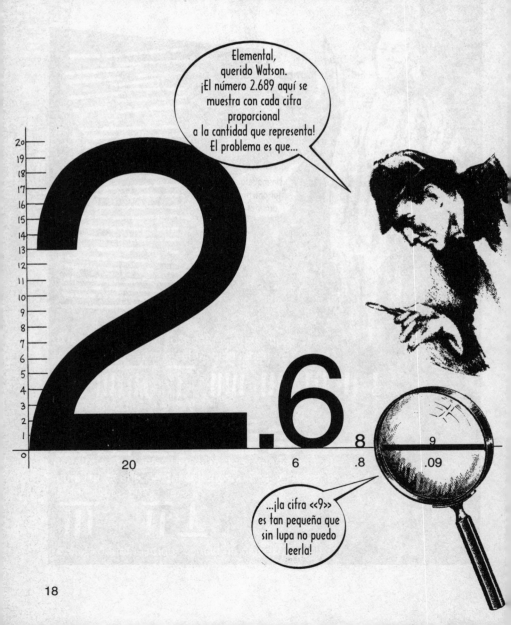

En la India se desarrollaron tres tipos diferentes de sistemas numéricos.

Los kharaosthi (h. 400-200 a.C.) utilizaron símbolos para el 10 y el 20, y los números hasta el 100 eran construidos mediante la suma.

Los brahmi (h. 300 a.C.) utilizaban símbolos distintos para los dígitos 1, 4, 9 y 10, 100, 1.000, etc.

Los gwalior (h. 850 d.C.) tenían símbolos para los números del 1 al 9, y también para el 0.

Piensa en un número. Ahora dóblalo, triplícalo, cuadruplícalo.

Los indios trabajaban cómodamente con las grandes cantidades. ¡Los textos clásicos hindúes dan nombres a números tan grandes como 1.000.000.000.000 (*parardha*)!

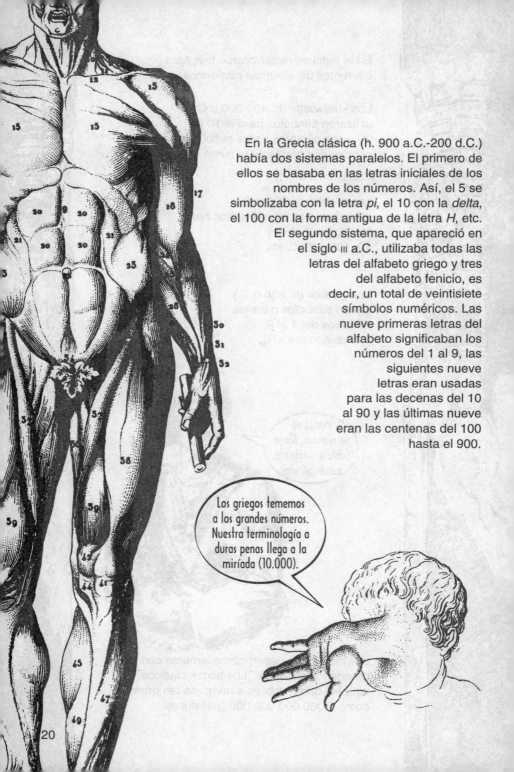

En la Grecia clásica (h. 900 a.C.-200 d.C.) había dos sistemas paralelos. El primero de ellos se basaba en las letras iniciales de los nombres de los números. Así, el 5 se simbolizaba con la letra *pi*, el 10 con la *delta*, el 100 con la forma antigua de la letra *H*, etc. El segundo sistema, que apareció en el siglo III a.C., utilizaba todas las letras del alfabeto griego y tres del alfabeto fenicio, es decir, un total de veintisiete símbolos numéricos. Las nueve primeras letras del alfabeto significaban los números del 1 al 9, las siguientes nueve letras eran usadas para las decenas del 10 al 90 y las últimas nueve eran las centenas del 100 hasta el 900.

> Los griegos tememos a los grandes números. Nuestra terminología a duras penas llega a la miríada (10.000).

El sistema romano (h. 400 a.C.-600 d.C.) tenía un total de siete símbolos: I para el 1, V para el 5, X para el 10, L para el 50, C para el 100, D para el 500 y M para el 1.000.

Los números se escribían de izquierda a derecha con los mayores situados a la izquierda. Se sumaban todos para obtener el número representado.

Así, LX es 60.

Por comodidad, una cantidad inferior en la izquierda se interpretaba como sustracción. Así, MCM significa 1.900.

Los numerales romanos, utilizados en nuestros días como ornamento, eran muy poco adecuados para hacer cálculos.

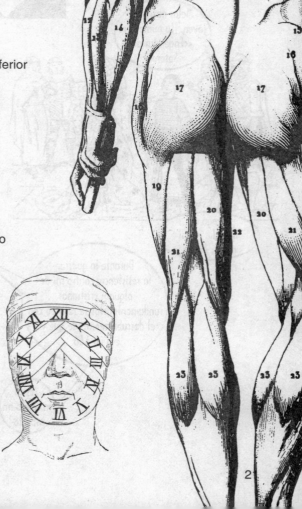

2

El uso del alfabeto para los números permitió la aparición de un arte de la adivinación denominado «gematría». Dada una palabra, o sobre todo un nombre, se reorganizaban las letras para formar un número y luego se examinaban sus cualidades y significado. Si tu nombre daba el 666 (el bíblico «número de la bestia»), eras un «mal bicho».

No fue hasta que llegué yo, Descartes, y mis sucesores europeos, que las matemáticas dejaron de ser «mágicas», al menos para la élite educada.

Y dejémonos de tonterías u os echaré una maldición.

Malas noticias, joven. ¡Tu número es «Engendro de Satán»!

Tengo el remedio en mi mano, Alteza.

Durante la guerra, la resistencia contra mí de algunos cristianos fundamentalistas se reforzó con el descubrimiento de que yo era un 666.

¿Estás mirando mi aspecto?

La civilización musulmana (h. 650 d.C. hasta nuestros días) desarrolló dos conjuntos de cifras. Los conjuntos eran similares, pero uno era utilizado en la parte este del mundo musulmán (Arabia y Persia), mientras que el otro era común en la zona occidental (Marruecos y la España musulmana). Ambos tenían diez símbolos desde el 0 hasta el 9.

Conjunto del este: ٠ ٩ ٨ ٧ ٦ ٥ ٤ ٣ ٢ ١

Conjunto del oeste: 1 2 3 4 5 6 7 8 9 0

Los cifras del este son las que actualmente se utilizan en el mundo árabe. El conjunto occidental es lo que hoy conocemos como «numeración arábiga», el sistema que utilizamos hoy.

El cero

El cero es una invención relativamente tardía (alrededor del siglo vi d.C.), y parece ser un producto de las civilizaciones hindú y china. Los chinos necesitaban «algo» para su notación valor-posición (¿cómo podían representar el espacio vacío para el número «205»? Necesitaban algo para rellenar el espacio vacío, como 2-5). Pero el completo significado del cero fue desarrollado en la civilización hindú, con las especulaciones filosóficas sobre el Vacío.

La repuesta es la Nada.

Este bagaje cultural era absolutamente necesario para el invento, ya que el 0 es muy peculiar. En algunos aspectos se comporta como los otros números; por ejemplo, podemos sumarlo como los otros.

Pero multiplicar cero veces cualquier cosa da 0. Es posible crear paradojas utilizando una ecuación como $2 \times 0 = 4 \times 0$, y eliminar el 0 para obtener $2 = 4$.

¿Y qué obtenemos...

...cuando dividimos algo por 0?

¡Infinito!

A pesar de que el 0 es esencial para el cálculo, lo excluimos cuando contamos. El primero en una fila no es el «0°». Esta paradoja es evidente en el calendario: los años 1900 son el siglo xx, ya que no hubo siglo 0 al principio del calendario occidental d.C.

Asimismo, el 0 tiene dos significados, tal como podemos ver en el «caso del fósil»: el guía de un museo, habla con en grupo de escolares...

Este hueso tiene sesenta y cinco millones cuatro años.

¿Cómo lo sabe con tanta exactitud?

Bien, cuando empecé a trabajar aquí, me dijeron que tenía 65.000.000 años... y de eso ya hace cuatro.

65.000.000
+   4
= 65.000.004

Evidentemente, todo el mundo vio que era ridículo, pero una alumna hizo la suma...

...tal como le habían enseñado en la escuela. Nadie le había explicado que los seis ceros después del 65 eran dígitos «de relleno», no «de cuenta». En este caso, no sólo tenemos 0 x 4 = 0, sino también 0 + 4 = 0. Quizá fue la conciencia de paradojas de este tipo (sobre las que ahora los alumnos están prevenidos) lo que hizo que los primeros matemáticos desconfiaran de los números extraños como el 0.

NÚMEROS ESPECIALES

Además del 0, hay otros números especiales con los que hay que familiarizarse.

Algunos de ellos son «números con personalidad», que de algún modo puede considerarse que tienen propiedades mágicas.

Los números 3, 5, 7 y 13 son, a su manera, especiales. También hay clases de números definidos por sus interesantes propiedades aritméticas.

Los **números primos** son aquellos que no pueden ser divididos por ningún otro número que no sea el 1 o ellos mismos.

Por ejemplo, 3, 5, 7, 11, 13, 17, 19...

Los **números perfectos** son iguales a la suma de sus divisores excepto ellos mismos. Así, el 6, cuyos divisores son el 1, 2, 3 y 6, es perfecto, ya que $1 + 2 + 3 = 6$.

Otro es el $28 = 1 + 2 + 4 + 7 + 14$. El siguiente es el 496... ¡Compruébalo!

Cortando el pastel...

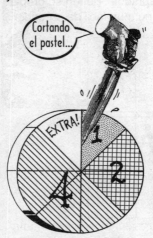

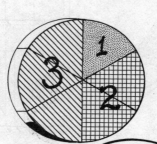

El 8 no es perfecto...   ...¡pero el 6 sí!

En la antigüedad, consideraban estos números muy especiales. De ahí su nombre.

¿Así, dos errores hacen un acierto?

Los **números negativos** son inferiores al 0 (como las temperaturas en un día muy frío), y se representan con el signo «menos». Son totalmente indispensables, pero tienen sus propias paradojas, como en la regla $(-1) \times (-1) = +1$.

Las **fracciones** o **números racionales** expresan la relación entre dos números enteros, por ejemplo el 2/3. Son necesarios para los cálculos, pero no pueden utilizarse para contar (no hay una fracción «unidad», ni un «siguiente», como el 5 sigue al 4). Les costó mucho tiempo ser aceptados. Tienen su propia aritmética, no muy fácil de entender.

Suma 2/5 a 1/3: cortando la tarta...

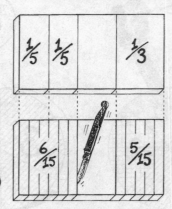

= 11/15

¡Quién me manda representar números!

Todos estos números eran conocidos en las grandes civilizaciones antiguas, como la india y la china. Con el desarrollo de las matemáticas teóricas entre los griegos, aparecieron nuevas propiedades de los números, que requirieron nuevas tipologías.

Los **números irracionales** son números que no pueden expresarse como la relación entre dos números enteros. Un ejemplo importante es √2, producido mediante operaciones geométricas. Es la longitud de la «hipotenusa» de un triángulo con un ángulo recto y dos lados iguales de longitud la unidad. Estos números son llamados «sordos».

√2

1

1

Algunas cantidades son muy «irracionales», no se pueden expresar con números producidos por operaciones algebraicas.

El más famoso de estos números es «pi», o π, la relación entre el perímetro de una circunferencia y su diámetro.

Poner esta relación como solución de una ecuación algebraica fue lo que se llamó el problema de la «cuadratura del círculo». Esto ocupó a los matemáticos durante siglos, hasta que en tiempos modernos se demostró que era imposible. Entonces estos números fueron llamados...

¿piiiiiiiiii?

...«trascendentes».

29

Los **números imaginarios** aparecen cuando los números reales se multiplican por la unidad imaginaria, la raíz cuadrada de menos uno ($\sqrt{-1}$).

El resultado de la suma de los números imaginarios y los ordinarios (o reales) son los llamados números «**complejos**».

Estos números se representan fácilmente como puntos en un plano, y tienen sus propias reglas aritméticas.

$4\sqrt{-1}$

$3\sqrt{-1}$

EL PLANO DE LOS NÚMEROS COMPLEJOS

$2\sqrt{-1}$ ---------- ● $3, 2\sqrt{-1}$

$\sqrt{-1}$

"Imaginario"

0   1   2   3   4   5

"Real"

Los números complejos se utilizan para representar cantidades regularmente variables, como la corriente alterna.

NÚMEROS GRANDES

Muchos de nosotros nos sentimos sobrepasados cuando nos hablan de números muy grandes, y nos cuesta apreciar su magnitud real.

¿Cuánto es un billón?

Es un millón de millones.

Hace mil millones de días, el hombre aún no había aparecido en la Tierra.

En 1903, habían pasado mil millones de minutos desde el nacimiento de Cristo, y hace mil millones de segundos los que hoy tienen 31 años aún no habían nacido.

Cien mil millones parece un número imposible. Pero hoy en día no es nada raro que un país, especialmente uno en vías de desarrollo, deba esta cantidad de dólares. Si a partir de ahora un país pagara 10 dólares cada segundo, veinticuatro horas al día, siete días a la semana y cincuenta y dos semanas al año, tardaría 3.180 años en saldar su deuda de...

...cien mil millones de dólares!

31

Para mostrar lo fácil que es encontrarse con números grandes, recordemos las cartas encadenadas. Una persona envía una carta a dos amigos pidiéndoles que la copien y la envíen a dos amigos más, y así sucesivamente. El primero envía dos cartas; en el segundo eslabón se envían 2 × 2, o 4, cartas. En el tercero, 2 × 2 × 2. ¿Cuántos pasos necesitamos para que se envíen mil millones?

POTENCIAS

¡Rayos y truenos! ¡Las potencias me están desbordando!

Es muy engorroso tener que escribir un billón: 1.000.000.000.000. Afortunadamente, existe una notación muy conveniente para escribir números grandes. Podemos ver que un billón es igual a:

$$10 \times 10 \times 10 \times 10 \times 10 \times 10 \times 10 \times 10 \times 10 \times 10 \times 10 \times 10$$

Si denotamos el producto de dos dieces por 10^2, y de tres dieces por 10^3, etc., podemos escribir un millón como 10^6 y un billón como 10^{12}. Es más, cinco billones serían 5×10^{12}.

Elevar algo a un exponente simplemente significa multiplicarlo por sí mismo tantas veces como éste indica. Así, 2^5 significa $2 \times 2 \times 2 \times 2 \times 2$, o 32.

Vamos a familiarizarnos con la notación exponencial con el siguiente problema:

¿Cuál es el mayor número que podemos escribir con tres 2?

Estas son las posibilidades:

El menor de estos números es el $2^{2^2} = 2^4 = 16$. Después viene el 222. El siguiente es $22^2 = 484$. Y el mayor es $2^{22} = 4.194.304$.

La notación con exponentes también funciona con las fracciones. Para convertir una potencia en una fracción solamente tenemos que poner un signo negativo delante del exponente. Así 10^{-1} significa 1/10; 10^{-2} es 1/100; 10^{-3} es 1/1.000, etc.

Del mismo modo, si ampliamos una fotografía o un mapa x veces, necesitaremos un papel x^2 veces mayor.

x, x^2, x^3, x^4 y x^5 se llaman la primera, segunda, tercera, cuarta y quinta potencias de x. La segunda y la tercera también se denominan «cuadrado» y «cubo», por su significado geométrico. Evidentemente, en vez del 2, 3, 4 y 5 podríamos tener cualquier número. Si utilizamos n para significar «cualquier número», entonces decimos que x^n es la enésima potencia de x.

Durante mucho tiempo, los matemáticos estuvieron desconcertados por estas potencias mayores; no podían imaginarse un hiperespacio en el cual pudieran describir su forma.

En su libro *Lo deslumbrante*, escrito cuando tenía 19 años, el matemático musulmán **ibn Yahya al-Samaw'al** (muerto en 1175) introdujo por primera vez la definición de...

Logaritmos

Un logaritmo es el exponente al cual tiene que elevarse un número para obtener otro número. El primer número se llama la base. Puesto que $10^2 = 100$, entonces $\log_{10} 100 = 2$. Esto lo leemos así: logaritmo en base 10 de 100 es igual a 2.

Las bases más comunes para los logaritmos son el 10 y el número e (véase la página 99).

Puesto que $x^0 = 1$ para cualquier x, entonces $\log 1 = 0$ para todas las bases.

Para multiplicar o dividir dos expresiones logarítmicas, utilizamos el hecho de que la multiplicación o división de potencias de un mismo número corresponde a la suma o la resta de sus exponentes. Así, $\log (a \times b)$ es simplemente lo mismo que $\log (a) + \log (b)$.

Log-a-ritmo
Log-a-música.

¡PUII!

Sumar es mucho más fácil que multiplicar.

Fueron una gran ayuda para simplificar cálculos largos. Para multiplicar (o dividir) dos números sólo hay que buscar sus logaritmos en una tabla, después sumarlos (o restarlos) y localizar el número en la tabla para saber el resultado. (Recuerda que antes no había calculadoras.)

LOGARITMOS

(anotaciones manuscritas)
- log 2,2 = 0,3424
- log 3 = 0,4771
- Sumando los dos logaritmos obtenemos 0,8195 que corresponde a log 6,6 (por tanto, 2,2 x 3).

	0	1	2	3	4	5	6	7	8	9		1	2	3	4	5	6	7	8	9
10	0000	0043	0086	0128	0170	0212	0253	0294	0334	0374		4	8	12	17	21	25	29	33	37
11	0414	0453	0492	0531	0569	0607	0645	0682	0719	0755		4	8	11	15	19	23	26	30	34
12	0792	0828	0864	0899	0934	0969	1004	1038	1072	1106		3	7	10	14	17	21	24	28	31
13	1139	1173	1206	1239	1271	1303	1335	1367	1399	1430		3	6	10	13	16	19	23	26	29
14	1461	1492	1523	1553	1584	1614	1644	1673	1703	1732		3	6	9	12	15	18	21	24	27
15	1761	1790	1818	1847	1875	1903	1931	1959	1987	2014		3	6	8	11	14	17	20	22	25
16	2041	2068	2095	2122	2148			2227	2253	2279		3	5	8	11	13	16	18	21	24
17	2304	2330	2355	2380				2480	2504	2529		2	5	7	10	12	15	17	20	22
18	2553	2577	2601					2718	2742	2765		2	5	7	9	12	14	16	19	21
19	2788	2810						2923	2945	2967	2989	2	4	6	8	11	13	15	17	19
20	3010							3118	3139	3160	3181	3201	2	4	6	8	10	12	14	16	18
21	3222			3284	3304	3324	3345	3365	3385	3404		2	4	6	8	10	12	14	16	18
22	3424			3483	3502	3522	3541	3560	3579	3598		2	4	6	8					
23	3617	3636	3655	3674			3729	3747	3766	3784		2	4	6	7					
24	3802	3820	3838				3909	3927	3945	3962		2	4	5	7					
25	3979	3997					4082	4099	4116	4133		2	3	5	7					
26	4150	4166					4249	4265	4281	4298										
27	4314						4378	4393	4409	4425										
28	4472						4533	4548	4564	4579										
29							4669	4683	4698	4713	4728									
30	4771			4800	4814	4829	4843	4857	4871											
31			4928	4942	4955	4969	4983	4997	5011	5024										
32	5051	5065	5079	5092	5105	5119	5132	5145	5159											
33	5185	5198	5211	5224	5237	5250	5263	5276	5289											
34	5315	5328	5340	5353	5366	5378	5391	5403	5416			1	3	4	5	6	7	8	10	11
35	5441	5453	5465	5478	5490	5502	5514	5527	5539	5551		1	2	4	5	6	7	9	10	11
36	5563	5575	5587	5599	5611	5623	5635	5647	5658	5670		1	2	4	5	6	7	8	9	10
37	5682	5694	5705	5717	5729	5740	5752	5763	5775	5786		1	2	3	5	6	7	8	9	10
38	5798	5809	5821	5832	5843	5855	5866	5877	5888	5899		1	2	3	5	6	7	8	9	10
39	5911	5922	5933	5944	5955	5966	5977	5988	5999	6010		1	2	3	4	5	7	8	9	10
40	6021	6031	6042	6053	6064	6075	6085	6096	6107	6117		1	2	3	4	5	6	7	8	9
41	6128	6138	6149	6160	6170	6180	6191	6201	6212	6222		1	2	3	4	5	6	7	8	9
42	6232	6243	6253	6263	6274	6284	6294	6304	6314	6325		1	2	3	4	5	6	7	8	
43	6335	6345	6355	6365	6375	6385	6395	6405	6415	6425		1	2	3	4	5	6	7	8	
44	6435	6444	6454	6464	6474	6484	6493	6503	6513	6522		1	2	3	4	5	6	7	8	
45	6532	6542	6551	6561	6571	6580	6590	6599	6609	6618		1	2	3	4	5	6	7		
46	6628	6637	6646	6656	6665	6675	6684	6693	6702	6712		1	2	3	4	5	6	7		
47	6721	6730	6739	6749	6758	6767	6776	6785	6794	6803		1	2	3	4	5	5	6	7	
48	6812	6821	6830	6839	6848	6857	6866	6875	6884	6893		1	2	3	4	4	5	6	7	
49	6902	6911	6920	6928	6937	6946	6955	6964	6972	6981		1	2	3	4	4	5	6	7	
50	6990	6998	7007	7016	7024	7033	7042	7050	7059	7067		1	2	3	3	4	5	6	7	
51	7076	7084	7093	7101	7110	7118	7126	7135	7143	7152		1	2	3	3	4	5	6	7	
52	7160	7168	7177	7185	7193	7202	7210	7218	7226	7235		1	2	2	3	4	5	6	7	
53	7243	7251	7259	7267	7275	7284	7292	7300	7308	7316		1	2	2	3	4	5	6		
54	7324	7332	7340	7348	7356	7364	7372	7380	7388	7396										
	0	1	2	3	4	5	6	7	8	9		1	2	3	4	5	6	7	8	9

LO...

	0	1	2	3	4
55	7404	7412	7419	7427	7435
56	7482	7490	7497	7505	7513
57	7559	7566	7574	7582	7589
58	7634	7642	7649	7657	7664
59	7709	7716	7723	7731	7738
60	7782	7789	7796	7803	7810
61	7853	7860	7868	7875	7882
62	7924	7931	7938	7945	7952
63	7993	8000	8007	8014	8021
64	8069	8075	8082	8082	
65	8129	8136	8142	8149	815
66	8195	8202	8209	8215	822
67	8261	8267	8274	8280	828
68	8325	8331	8338	8344	835
69	8388	8395	8401	8407	84
70	8451	8457	8463	8470	84
71	8513	8519	8525	8531	85
72	8573	8579	8585	8591	85
73	8633	8639	8645	8651	8
74	8692	8698	8704	8710	8
75	8751	8756	8762	8768	8
76	8808	8814	8820	8825	
77	8865	8871	8876	8882	
78	8921	8927	8932	8938	
79	8976	8982	8987	8993	
80	9031	9036	9042	9047	
81	9085	9090	9096	9101	
82	9138	9143	9149	9154	
83	9191	9196	9201	920	
84	9243	9248	9253	925	
85	9294	9299	9304	930	
86	9345	9350	9355	936	
87	9395	9400	9405	941	
88	9445	9450	9455	945	
89	9494	9499	9504	95	
90	9542	9547	9552	95	
91	9590	9595	9600	9	
92	9638	9643	9647	9	
93	9685	9689	9694	9	
94	9731	9736	9741	9	
95	9777	9782	9786	9832	
96	9823	9827	9832		
97	9868	9872	9877		
98	9912	9917	9921		
99	9956	9961	9965		
	0	1	2		

(bocadillo) Usaré mis reglas de cálculo y mis tablas de logaritmos

Las primeras tablas de logaritmos fueron construidas por el escocés **John Napier** (1550-1617), en base e, y que se llaman «naturales» (por la base) o «neperianas».

CÁLCULO

Manipular números de todo tipo para conseguir un resultado es lo que llamamos calcular. Todas las operaciones matemáticas conllevan cálculo.

Al principio, el cálculo se realizaba con piedras. En la Grecia clásica se usaban guijarros para contar y hacer las operaciones básicas. La raíz de la palabra castellana «cálculo» es la latina *calculus*, que significa «guijarro».

ITMOS

	7	8	9	1	2	3	4	5	6	7	8	9
	7459	7466	7474	1	2	2	3	4	5	5	6	7
8	7536	7543	7551	1	2	2	3	4	5	5	6	7
24	7612	7619	7627	1	2	2	3	4	5	5	6	7
79	7686	7694	7701	1	1	2	3	4	4	5	6	7
52	7760	7767	7774	1	1	2	3	4	4	5	6	6
25	7832	7839	7846	1	1	2	3	4	4	5	6	6
896	7903	7910	7917	1	1	2	3	3	4	5	6	6
966	7973	7980	7987	1	1	2	3	3	4	5	5	6
035	8041	8048	8055	1	1	2	3	3	4	5	5	6
3102	8109	8116	8122	1	1	2	3	3	4	5	5	6
8169	8176	8182	8189	1	1	2	3	3	4	5	5	6
8235	8241	8248	8254	1	1	2	3	3	4	5	5	6
	8299	8306	8312	8319	1	1	2	3	3	4	5	5
	8363	8370	8376	8382	1	1	2	3	3	4	4	5
	8426	8432	8439	8445	1	1	2	2	3		4	
	8488	8494	8500	8506	1	1	2	2	3			
3	8549	8555	8561	8567	1	1	2	2	3			
3	8609	8615	8621	8627	1	1	2	2	3			
3	8669	8675	8681	8686	1	1	2	2	3			
2	8727	8733	8739	8745	1	1	2	2	3			
9	8785	8791	8797	8802	1	1	2	2	3			
37	8842	8848	8854	8859	1	1	2	2	3			
93	8899	8904	8910	8915	1	1	2	2	3			
49	8954	8960	8965	8971	1	1	2	2	3			
04	9009	9015	9020	9025	1	1	2	2	3			
058	9063	9069	9074	9079	1	1	2	2	3			
112	9117	9122	9128	9133	1	1	2	2	3	3	4	4	5
165	9170	9175	9180	9186	1	1	2	2	3	3	4	4	5
217	9222	9227	9232	9238	1	1	2	2	3	3	4	4	5
9269	9274	9279	9284	9289	1	1	2	2	3	3	4	4	5
9320	9325	9330	9335	9340	1	1	2	2	3	3	4	4	
9370	9375	9380	9385	9390	1		1	2	2	3	3	4	4
9420	9425	9430	9435	9440	0	1	1	2	2	3	3	4	
9469	9474	9479	9484	9489	0	1	1	2	2	3	3	4	
9518	9523	9528	9533	9538	0	1	1	2	2	3	3	4	
9566	9571	9576	9581	9586	0	1	1	2	2	3	3	4	4
9614	9619	9624	9628	9633	0	1	1	2	2	3	3	4	4
7	9661	9666	9671	9675	9680	0	1	1	2	2	3	3	4	4
3	9708	9713	9717	9722	9727	0	1	1	2	2	3	3	4	4
30	9754	9759	9763	9768	9773	0	1	1	2	2	3	3	4	4
25	9800	9805	9809	9814	9818	0	1	1	2	2	3	3	4	4
41	9845	9850	9854	9859	9863	0	1	1	2	2	3	3	4	4
86	9890	9894	9899	9903	9908	0	1	1	2	2	3	3	4	4
30	9934	9939	9943	9948	9952	0	1	1	2	2	3	3	3	4
74	9978	9983	9987	9991	9996	0	1	1	2	2	3	3	3	

| | 4 | 5 | 6 | 7 | 8 | 9 | 1 | 2 | 3 | 4 | 5 | 6 | 7 | 8 | 9 |

Contado

Hasta hace poco, el ábaco, un aparato con cuentas en unos alambres, era el mecanismo de cálculo más extendido. Incluso hoy en día hay personas que manejan esas cuentas más rápido que otros su calculadora digital.

Los instrumentos de cálculo han aparecido en dos formas básicas: las máquinas simples, que se limitan a sumas y restas, y las calculadoras, que no sólo realizan multiplicaciones y divisiones...

...sino muchas otras operaciones.

La primera máquina calculadora fue inventada por el matemático francés **Blaise Pascal** (1623-1662) en 1642, y podía sumar. En 1671, el alemán **Gottfried Wilheim von Leibniz** (1646-1716) creó un mecanismo que podía multiplicar mediante sumas sucesivas.

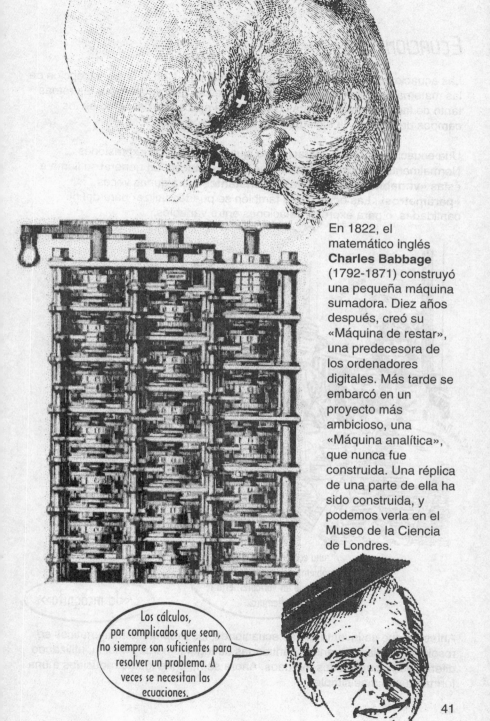

En 1822, el matemático inglés **Charles Babbage** (1792-1871) construyó una pequeña máquina sumadora. Diez años después, creó su «Máquina de restar», una predecesora de los ordenadores digitales. Más tarde se embarcó en un proyecto más ambicioso, una «Máquina analítica», que nunca fue construida. Una réplica de una parte de ella ha sido construida, y podemos verla en el Museo de la Ciencia de Londres.

Los cálculos, por complicados que sean, no siempre son suficientes para resolver un problema. A veces se necesitan las ecuaciones.

ECUACIONES

Las ecuaciones son el núcleo de las matemáticas. Con la única excepción de las matemáticas elementales, las ecuaciones se utilizan en todas las ramas tanto de las matemáticas puras como de las aplicadas, así como en los campos de la física, la biología y las ciencias sociales.

Una ecuación es una declaración de igualdad entre dos expresiones. Normalmente implica cantidades que no se conocen; en general se llama a éstas «**variables**», y a las otras, «**constantes**», o algunas veces, «**parámetros**». Las ecuaciones también se pueden utilizar para definir cantidades, o para expresar relaciones entre variables.

Cuando se utiliza una ecuación para expresar el problema de encontrar el valor de una de las variables, ésta se llamará...

...«la incógnita».

Antes de que se inventaran las ecuaciones, los problemas matemáticos se resolvían mediante grandes cantidades de ingenio e imaginación, utilizando diferentes y complicados métodos. Ahora se ha conseguido reducirlos a una forma mucho más simple.

En la ecuación $5x + 8 = 23$, x es la incógnita que queremos calcular. Podemos hacerlo por el método de prueba y error, o con operaciones simples (restando 8 en ambos lados, y después dividiendo por 5 también en ambos lados).

La ecuación es como un conjunto de pesas, con el signo igual en el punto de equilibrio.

Soy «x» o la «cantidad desconocida». Hay cinco como yo.

$$5x + 8 = 23$$

$$5x = 15 \quad (23-8)$$

$$5x = 5 \times 3$$

$$x = 3$$

Esta ecuación se «satisface» o «soluciona» cuando $x = 3$, y si lo comprobamos vemos que, sustituyendo, los dos lados de la ecuación valen lo mismo.

Cuando todos los posibles valores de las variables satisfacen una ecuación, la denominamos una **identidad**. Por ejemplo, la ecuación $(x + y)^2 = x^2 + 2xy + y^2$ es una identidad porque se cumple para todos los valores de las incógnitas. Estas identidades son muy útiles para manipulaciones algebraicas, ya que permiten que expresiones complicadas puedan ser sustituidas por otras más simples.

Las ecuaciones lineales sólo tienen variables elevadas a uno, como la ecuación $5x + 8 = 23$. Las llamamos lineales porque si construimos su gráfica nos da una línea recta.

Las ecuaciones cuadráticas tienen una única variable, que está elevada al cuadrado. Estas ecuaciones siempre tienen dos raíces, aunque las dos pueden ser iguales. Por ejemplo, $x^2 = 4$ y $2x^2 - 3x + 3 = 5$ son ambas ecuaciones cuadráticas. Sus raíces son, respectivamente, $(2, -2)$ y $(2, -1/2)$. Un ejemplo para raíces iguales es $x^2 - 4x + 4 = 0$, con dos raíces, $x = 2$.

Las ecuaciones cúbicas tienen sólo una variable elevada a 3. Estas ecuaciones siempre tienen tres soluciones, aunque dos de ellas o las tres pueden ser iguales, y dos (¡pero nunca las 3!) pueden ser complejas. Un ejemplo de ecuación cúbica es $x^3 - 6x^2 + 11x - 6 = 0$, cuyas raíces son 1, 2, 3.

Las ecuaciones lineales, cuadráticas y cúbicas se dice que son de primer, segundo y tercer grado respectivamente. Hasta cuarto grado es posible expresar sus soluciones mediante fórmulas utilizando símbolos aritméticos y raíces cuadradas. Así, por ejemplo, la fórmula para la ecuación de segundo grado $ax^2 + bx + c = 0$ es:

$$X = [(1/2a)][-b \pm \sqrt{(b^2 - 4ac)}]$$

Si la expresión bajo el símbolo de la raíz cuadrada ($\sqrt{\ }$) es menor que 0, tendremos dos raíces «complejas».

No hay límite en el grado de estas ecuaciones algebraicas. Pero hay un cambio a partir de las ecuaciones de quinto grado. Durante siglos, los matemáticos han buscado una fórmula aritmética con raíces cuadradas, como la de la página 45, para expresar las raíces de la ecuación de quinto grado. Finalmente, a principios del siglo XIX, se demostró que era una tarea imposible.

Las ecuaciones pueden tener más de una variable en cada término. Un ejemplo básico es la ecuación $xy = 1$, que describe la figura geométrica de una «hipérbola».

x

o

Hipérbola
$xy = 1$

y

El **grado de una ecuación** se define como la suma de los exponentes de las variables del término dominante de una ecuación. Por ejemplo, en la ecuación $ax^5 + bx^3y^3 + cx^2y^5 = 0$ el término con mayor exponente (término dominante) es cx^2y^5.

La suma de los exponentes de las variables de este término es 7, y por esto la ecuación es de séptimo grado.

¡Esto es un tercer grado!

Una única ecuación con dos variables normalmente es irresoluble. Pero si hay tantas ecuaciones como variables es posible encontrar un valor para cada variable. Los sistemas de ecuaciones tienen dos o más ecuaciones abarcando dos o más incógnitas. Algunas veces pueden ser resueltos con manipulaciones simples.
Por ejemplo:

1.
$$2x + xy + 3 = 0$$
$$x + 2xy = 0$$

2. Multiplicando la primera ecuación por 2, obtenemos:
$$4x + 2xy + 6 = 0$$

3. Y si a esta ecuación le restamos la segunda, nos queda:
$$3x + 6 = 0$$

4. Así obtenemos: $x = -2$

Si ahora sustituimos x por -2 en la primera ecuación, encontraremos el valor $y = -1/2$.
Algunos sistemas de ecuaciones más complicados también pueden solucionarse con este método.

47

Medición

Es una parte esencial de las matemáticas. Lo medimos casi todo, desde el tiempo a las dimensiones, pesos y capacidades, la electricidad, el calor y la luz. Incluso la distancia entre las estrellas y la energía de las partículas subatómicas. Ahora también medimos la inteligencia y el valor de cosas abstractas como el medio ambiente.

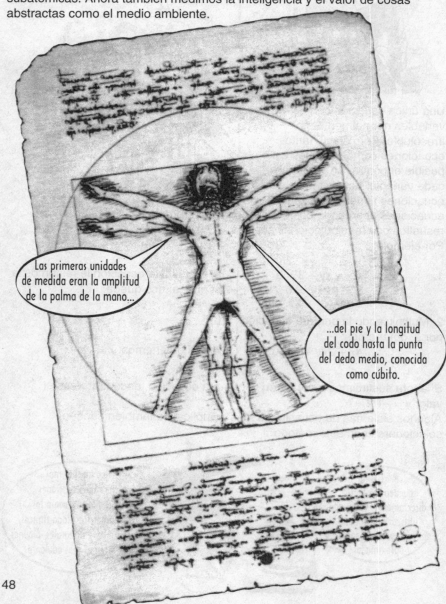

Las primeras unidades de medida eran la amplitud de la palma de la mano...

...del pie y la longitud del codo hasta la punta del dedo medio, conocida como cúbito.

Actualmente, nuestras medidas están basadas en la ciencia.

El «Sistema Internacional» es el descendiente del «Sistema Métrico», que fue introducido durante la Revolución francesa. Consta de un conjunto de unidades conectadas derivadas de cantidades básicas, como el metro (m) para la longitud, el segundo (s) para el tiempo y el kilogramo (kg) para la masa. En la práctica, la mayoría de las medidas son expresadas en potencias de diez de las unidades, como por ejemplo el milímetro (mm) para la longitud.

El tiempo es una excepción. El intento de los reformistas franceses de dividir el mes en tres «décadas» de diez días, y el día en diez horas de cien minutos cada una, fue muy impopular, y en nuestros días aún utilizamos el sistema inventado por los babilonios.

Cada una de las unidades fundamentales tiene una definición y procedimientos de medida controlados por comités internacionales. Las definiciones cambian con las mejoras técnicas.

El metro empezó siendo una cuarenta millonésima parte de la circunferencia de la Tierra. Actualmente se mide con la velocidad de la luz, y ahora un metro es la longitud de onda de un determinado color.

Muchos países aún utilizan el antiguo sistema «imperial», basado en libras y yardas, pintas y cuartos. Pero cuidado: las pintas, galones y cuartos estadounidenses sólo son cuatro quintas partes de los ingleses. Así pues, los coches estadounidenses con sus registros de poco consumo de galones por 100 km...

...¡no son tan buenos como parece!

EMPERATRIZ DE LA INDIA

¡Malditos colonos!

Contar y calcular implica cantidades separadas, discretas, y números exactos. La medición, en cambio, considera magnitudes continuas. Ninguna medida es exacta. Cuando comparamos el objeto medido con un modelo, siempre interpolamos entre dos puntos con la escala más fina que podemos. Y cada informe de una medida compleja tiene (¡o debería tener!) un «margen de error» para indicar el grado de confianza asociado a la medida.

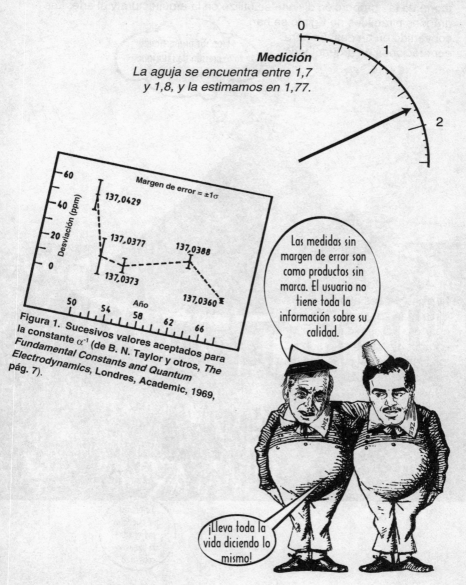

Medición
La aguja se encuentra entre 1,7 y 1,8, y la estimamos en 1,77.

Margen de error = ±1σ

137,0429

137,0377

137,0388

137,0373

137,0360

Figura 1. Sucesivos valores aceptados para la constante α^{-1} (de B. N. Taylor y otros, *The Fundamental Constants and Quantum Electrodynamics*, Londres, Academic, 1969, pág. 7).

Las medidas sin margen de error son como productos sin marca. El usuario no tiene toda la información sobre su calidad.

¡Lleva toda la vida diciendo lo mismo!

Desde la prehistoria, se ha necesitado medir para construir y diseñar. Los arqueólogos han descubierto que monumentos antiguos como Stonehenge estaban alineados precisamente para mostrar los acontecimientos astrológicos, y para dibujar los planos en el suelo se requería diseñar sofisticadas construcciones geométricas. Las iglesias medievales europeas fueron diseñadas con ingeniosas proporciones, y durante el Renacimiento la teoría de la «proporción divina» se utilizó en la arquitectura y el arte. Las grandes pirámides de Egipto se han convertido en un desafío para generaciones de arqueólogos.

52

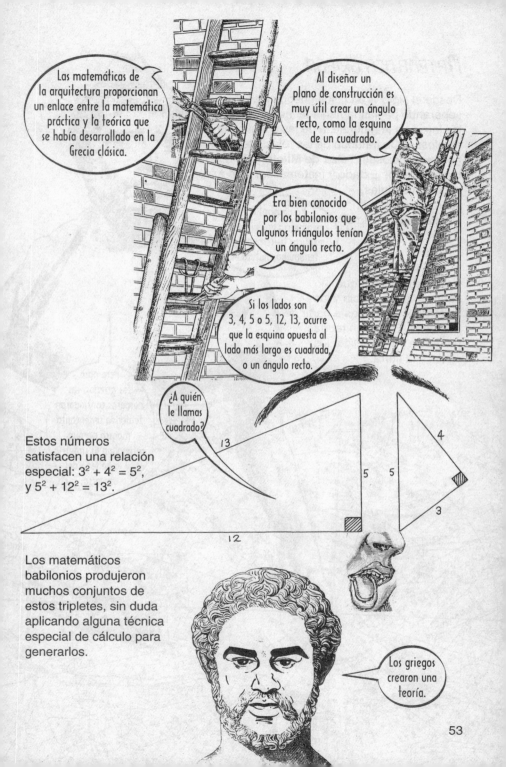

Las matemáticas de la arquitectura proporcionan un enlace entre la matemática práctica y la teórica que se había desarrollado en la Grecia clásica.

Al diseñar un plano de construcción es muy útil crear un ángulo recto, como la esquina de un cuadrado.

Era bien conocido por los babilonios que algunos triángulos tenían un ángulo recto.

Si los lados son 3, 4, 5 o 5, 12, 13, ocurre que la esquina opuesta al lado más largo es cuadrada, o un ángulo recto.

¿A quién le llamas cuadrado?

Estos números satisfacen una relación especial: $3^2 + 4^2 = 5^2$, y $5^2 + 12^2 = 13^2$.

Los matemáticos babilonios produjeron muchos conjuntos de estos tripletes, sin duda aplicando alguna técnica especial de cálculo para generarlos.

Los griegos crearon una teoría.

53

Matemática griega

Desde el siglo VII a.C., los griegos fueron separando paulatinamente la investigación de las leyes de la naturaleza de las cuestiones religiosas que trataban de las relaciones entre hombres y dioses. **Tales de Mileto** (624 a.C.), Un hombre de Estado y matemático, introdujo, según Aristóteles, las matemáticas en Grecia desde Egipto.

Yo desarrollé la geometría egipcia para explicar físicamente los fenómenos naturales.

Ésta fue la actitud que caracterizó la ciencia y las matemáticas griegas a partir de entonces. Buscaron teorías naturales para explicar los cielos y la tierra.

Pero para los griegos, los números continuaron teniendo un encanto mágico porque reflejaban la simetría y la belleza del universo.

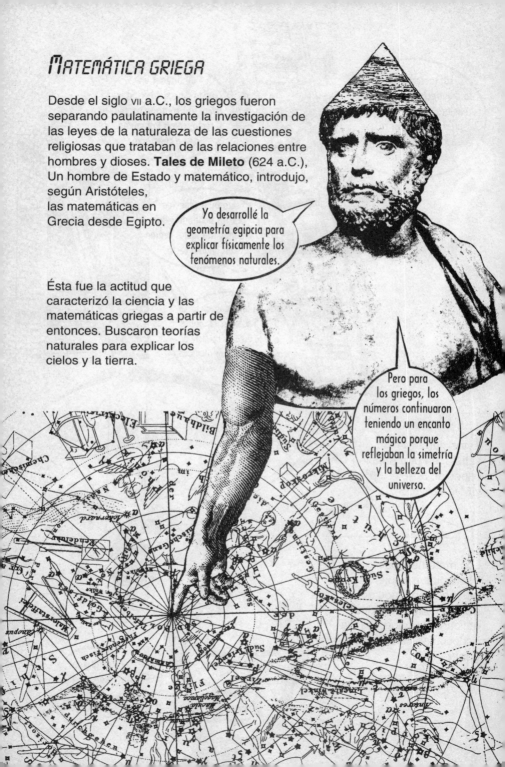

PITÁGORAS

Yo, Pitágoras (580-500 a.C.), no sólo fui un matemático, sino también un líder cívico. Fui el fundador de un culto místico que practicaba ejercicios ascéticos y abstinencia de diversos alimentos y actividades.

Los pitagóricos descubrieron que la armonía musical se logra mediante sencillas proporciones entre las longitudes de las cuerdas. La octava se obtiene con dos cuerdas, en razón 1 a 2. Para la quinta mayor, la razón es 2 a 3.

Por tanto, las matemáticas reflejan belleza y relaciones divinas. En los números están las respuestas a todo y encierran cualidades mágicas.

A Pitágoras se le atribuye el famoso teorema que lleva su nombre, que dice que en un triángulo rectángulo, la suma de los cuadrados de los dos catetos es igual al cuadrado de la hipotenusa: $a^2 + b^2 = c^2$. Como hemos visto, esta relación ya era bien conocida, pero suponemos que Pitágoras fue el primero en conseguir una demostración general. Aunque esto no se difundió hasta cientos de años después de su muerte, encaja con su esfuerzo para lograr que las matemáticas pasaran de ser un estudio práctico a uno de significado filosófico.

Fig 10.5

Los pitagóricos también sentían admiración por las figuras regulares geométricas, tanto por los polígonos como por los «sólidos regulares» (sólo existen cinco). Una leyenda dice que sufrieron una gran crisis cuando se descubrió que alguna de las relaciones de estas figuras no podían expresarse en términos de proporciones numéricas. El más sencillo de estos «monstruos» es la razón entre la diagonal de un cuadrado y su lado. Ahora decimos que...

$\sqrt{2}$ es irracional.

Yo, Zenón de Elea (h. 450 a.C.) fui famoso por mis paradojas, a través de las cuales introduje los fundamentos de nuestra concepción del espacio, el tiempo y el cambio.

Con cuatro paradojas, Zenón intentó demostrar que tanto si nosotros concebimos el espacio como finito o infinitamente divisible, o tanto si consideramos que el movimiento es simple o relativo, obtenemos contradicciones.

La más conocida de estas paradojas nos muestra a Aquiles (el corredor más veloz) persiguiendo a una tortuga. En un salto, recorre la mitad de la distancia que lo separa de la tortuga, y al siguiente igual, y al siguiente igual...

Pero no hay «último» salto.

Con este análisis, ¿cómo describimos el momento en el que alcanza a la tortuga?

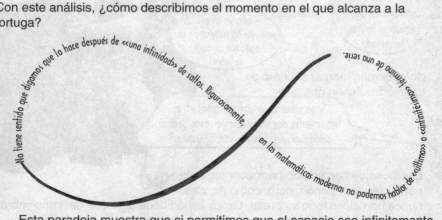

No tiene sentido que digamos que lo hace después de «una infinidad» de saltos. Rigurosamente, en las matemáticas modernas no podemos hablar de «último» o «infinitésimo» término de una serie.

Esta paradoja muestra que si permitimos que el espacio sea infinitamente divisible, obtenemos paradojas al intentar describir el movimiento.

57

Zenón tenía más paradojas sobre el movimiento y el cambio. Veamos otro ejemplo. Supongamos que nos dan las siguientes instrucciones...

Primero, vierte una copa llena de vino en un barril vacío.

Después añade una gota de agua, y pruébalo para saber si la mezcla es aún vino.

Repite la operación hasta que des con la gota que lo convierte en agua; entonces habrás terminado.

Esta gota no existe, pero cuando el barril está lleno, decimos:

Esto ya no es vino, ¡se ha convertido en agua con un poco de sabor!

No podemos marcar el punto de transición. Zenón nos dice:

Si no sabemos cuándo estamos en el límite entre dos situaciones o cosas, ¿cómo podemos asegurar que son diferentes?

Los filósofos han estado permanentemente persiguiendo a Zenón, pero, como Aquiles, nunca han alcanzado su presa. Quizá Zenón tiene algo que decirnos sobre nuestros conceptos matemáticos. Nos gusta creer que los tenemos claros, pero quizás en realidad son contradictorios.

EUCLIDES

Yo, Euclides (323-285 a.C.), soy el padre de la geometría demostrativa.

Sus ideas causaron un gran impacto en las matemáticas, y se convirtieron en la base de nuestra geometría hasta muy recientemente. Sistematizó la tradición de las demostraciones basadas en «construcciones», usando instrumentos idealizados como reglas o compases (para construir arcos de circunferencias). Con ellos, se podían hacer demostraciones sin utilizar ejemplos numéricos. Éste fue el gran cambio en la matemática griega, la idea de que la demostración era general y, por tanto, abstracta.

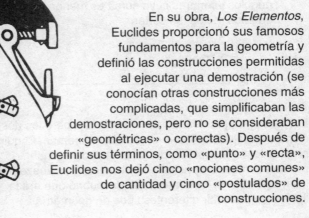

En su obra, *Los Elementos*, Euclides proporcionó sus famosos fundamentos para la geometría y definió las construcciones permitidas al ejecutar una demostración (se conocían otras construcciones más complicadas, que simplificaban las demostraciones, pero no se consideraban «geométricas» o correctas). Después de definir sus términos, como «punto» y «recta», Euclides nos dejó cinco «nociones comunes» de cantidad y cinco «postulados» de construcciones.

Las nociones comunes:

1. Dos cosas iguales a una tercera son iguales entre sí $a = c$, $b = c$, $a = b$

2. Si a iguales sumamos iguales, obtenemos iguales $= + = = =$

3. Si a iguales restamos iguales obtenemos iguales $= - = = =$

4. Dos cosas que coinciden son iguales la una a la otra ☺ $=$ ☺

5. El todo es mayor que una parte

TO**P**O

Los postulados:

Se admite que, en un plano

1. Dados dos puntos cualesquiera, se puede trazar una recta entre ellos ○— — — — —○

2. Toda recta se puede extender indefinidamente a ambos lados ←— — —○— — — ○— — →

3. Se puede trazar un círculo de cualquier radio en cualquier centro

4. Todos los ángulos rectos son iguales

5. Dos rectas que se cortan con una tercera con ángulos interiores cuya suma es menor que dos ángulos rectos, se cortan

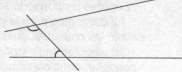

Los tres primeros definen construcciones, pero los dos últimos «postulados» son en realidad teoremas. El quinto postulado, también llamado «el postulado de las paralelas», fue un constante quebradero de cabeza para los matemáticos. Finalmente, se descubrió que era la llave para describir diferentes tipos de geometrías.

Sobre esta base, Euclides empezó a deducir todos los resultados geométricos conocidos en sus días, incluido el teorema de Pitágoras. A pesar de sus dificultades, estos axiomas se consideraron como verdades evidentes, y las conclusiones deducidas a partir de ellos, verdades probadas. La geometría era un gran ejemplo de conocimiento genuino que había sido alcanzado únicamente mediante la razón humana.

Después de Euclides, otro gran matemático fue **Arquímedes** (287-212 a.C.). Ideó maneras de medir el área de varias figuras curvas, así como áreas de superficie y volúmenes de un gran número de sólidos, como las esferas y los cilindros. Calculó una valor aproximado de π...

...y descubrí el principio del desplazamiento.

MATEMÁTICA CHINA

Los chinos nunca desarrollaron las demostraciones como las vemos en *Los Elementos* de Euclides, porque en realidad no estaban interesados en la lógica formal. Estaban más preocupados por la aplicación de las ideas que por el estudio de las matemáticas.

Mientras podamos lograr una casa decente con estas sumas...

Esto no les impidió inventar su propia demostración para los lados de un triángulo rectángulo, que era diferente de la del teorema de Pitágoras. A diferencia de los griegos, no les interesaban los números sordos (los que no pueden ser expresados como la razón de dos números enteros). Para designar los números negativos, por ejemplo, los chinos simplemente utilizaban varas rojas en vez de negras.

Los chinos desarrollaban el álgebra sin usar símbolos, escribiendo plenamente sus ideas con palabras. Utilizaban una tabla de contar para el álgebra y otras exploraciones matemáticas. Durante la dinastía Sung (960-1279), desarrollaron una notación que podía manejar ecuaciones hasta x^9. Podían resolver sistemas lineales de ecuaciones (con dos o más incógnitas) y ecuaciones cuadráticas.

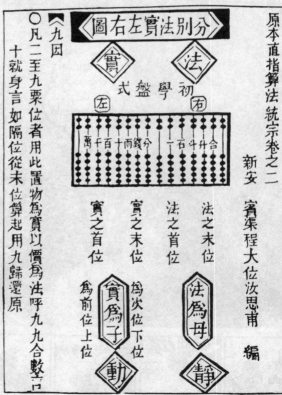

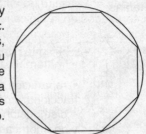

También estaban interesados en los «cuadrados mágicos», que tenían las celdas con números que sumados en todas direcciones daban el mismo total. Esto vale para las líneas horizontales, verticales y diagonales. Incluso llegaron a diseñar cubos mágicos de tres dimensiones.

Los chinos estaban muy interesados en lograr un valor muy aproximado de π. **Liu Hui**, uno de los primeros matemáticos chinos, logró estimar π hasta cuatro decimales correctos. Su técnica fue el «método de exhaustión», con el que insertaba un polígono en un círculo e incrementaba su número de lados hasta que éstos eran tan cortos que se podía igualar el polígono con el círculo.

También demostré que el área de un círculo es la mitad del producto de su perímetro por el radio.

En el siglo v d.C. un equipo formado por padre e hijo, **Tsu Ch'ung-Chih** y **Tsu Keng-Chih,** logró un valor de π de 3,1415926 y 3,1415927. Un resultado similar no se consiguió en Occidente hasta el siglo xvii.

EL CHIU CHANG

El *Chiu Chang* es el libro más famoso de la matemática china. No sabemos quién lo escribió ni en qué fecha, pero se supone que fue al final de la dinastía Chin o a principios de la Han (siglo I d.C.). Contiene los siguientes temas:

- repartición de tierras (con reglas para añadir, sustraer o fraccionar), proporciones (porcentajes)
- distribución por proporciones (progresiones aritméticas y geométricas, reglas de tres)
- medición de tierras (encontrar raíces cuadradas o cúbicas con bases geométricas)
- un texto de referencia para ingenieros (volúmenes de objetos tridimensionales)
- impuestos justos (tiempo para transportar algo de A a B, y distribución)
- una sección de «mucho pero no suficiente» (puzzles sobre distribuciones y déficit)
- métodos de tablas (soluciones de sistemas de ecuaciones con dos o tres incógnitas utilizando una tabla), y finalmente, triángulos rectángulos (veinticuatro problemas sobre longitudes de lados)

El alcance y profundidad del *Chiu Chang* nos muestra la sofistificación de la matemática china en el principio de la era cristiana en Occidente.

Cuatro matemáticos chinos

La segunda mitad del siglo XIII y principios del XIV es la considerada edad de oro de la matemática china. Cuatro de los más famosos matemáticos chinos vivieron durante este período.

Yo, Li Yeh, era un preso...

yo, Yang Hui, era un funcionario...

y yo, Chu Shih Chieh, era un maestro ambulante.

Yo, Chin Chiu Shao, amaba a las mujeres y las matemáticas por igual y era un experto espadachín...

Entonces había más de treinta escuelas de matemáticas por toda China, y las matemáticas eran una asignatura obligatoria en los exámenes públicos nacionales.

Chin Chiu Shao se recuerda como uno de los mayores matemáticos chinos de todos los tiempos. Trabajó en el servicio militar y civil. Su libro *Shu Chiu Chang* («Nueve secciones de matemáticas») incluye algunas ideas novedosas e introduce el análisis indeterminado por primera vez (es el estudio de problemas cuyas soluciones deben ser enteros).

Yang Hui y Chu Shih Chieh investigaron las permutaciones y combinaciones de una expresión, y descubrieron lo que hoy llamamos el binomio de Newton. Este teorema afecta a la multiplicación de expresiones de dos términos (binomios), como $(x + 1)$ y $(x + 3)$. Si los multiplicamos obtenemos $x^2 + 4x + 3 = 0$. Cuanto mayor es el número de expresiones multiplicadas, mayor es el número de términos en la solución, por ejemplo: $(x + 1)^3 = (x + 1)(x + 1)(x + 1) = x^3 + 3x^2 + 3x + 1$.

Esto llevó a los dos matemáticos a trabajar en lo que hoy llamamos triángulo de Pascal. Descubrieron que si nos fijamos en los números que multiplican a las x, es fácil observar que siguen un patrón. Así, para el exponente uno [es decir, $(x + 1)$], son 1, 1. Para el dos [$(x + 1)^2$] son 1, 2, 1, para el tres [$(x + 1)^3$] son 1, 3, 3, 1, etc. Así fueron dispuestos en la forma que Blaise Pascal diseñó para este triángulo en el siglo XVII.

Exponente 1:   11
Exponente 2:   121
Exponente 3:   1331
Exponente 4:   14641

y así sucesivamente...

PASCAL

El triángulo de Pascal se utiliza en el análisis de probabilidades. La segunda fila nos muestra el número de permutaciones que pueden producirse cuando tiramos dos monedas al aire. Hay una posibilidad de obtener dos caras, dos de obtener una cara y una cruz y una única de obtener dos cruces.

Fue explicado por primera vez por el matemático **Chia Hsien** (h. 1100), de la dinastía Sung, y es posible que incluso hubiera aparecido anteriormente.

MATEMÁTICA INDIA

Como los chinos, para los indios sirve cualquier tipo de demostración, incluyendo pruebas visuales que no son formuladas con referencia a ningún sistema deductivo formal. Los matemáticos indios evolucionaron a partir del marco desarrollado por los lógicos y lingüistas de la India.

Las matemáticas en la India se desarrollaron en cuatro fases.

El período harappa abarca desde el año 2500 a.C. hasta aproximadamente el 1000 a.C., y conlleva protomatemáticas para la colocación de ladrillos, etc.

Después vino el período védico, que duró unos 1.000 años, en el que se preocupaban por la geometría ritual. El jainismo y el budismo también empezaron a emerger durante este período.

Fue seguido por el período clásico, que terminó aproximadamente en el 1000 d.C. Los matemáticos de esta era desarrollaron conceptos primarios como números, algoritmos y álgebra.

Poema del matemático indio Bhaskara (pág. sig.)

El último gran período de la matemática india fue el medieval de la escuela de Kerala, que acabó en el siglo XVI, en el que algunas ideas primarias fueron brillantemente desarrolladas. No se conoce totalmente lo que hicieron los matemáticos durante este período. De todas formas, se ha sugerido que la escuela de Kerala pudo haber influido en los matemáticos europeos, ya que éstos «descubrieron» tres siglos más tarde lo que ya sabían aquéllos.

GEOMETRÍA VÉDICA

Los indios védicos eran entusiastas de los números extremadamente grandes, que formaban parte de su bagaje religioso. Por ejemplo, cuando se hacía un sacrificio, se nombraban números del rango de 100.000 millones. Tenían un concepto muy claro de los números que crecían gradualmente en múltiplos de diez. Cuanto mayores eran, más interesantes se volvían.

La geometría de los altares nos ofrece una buena perspectiva del álgebra védica india. Según uno de sus sistemas, el altar debía tener la forma de un trapecio isósceles, y los lados debían ser proporcionalmente incrementados o disminuidos para distintas ceremonias. Posteriormente, algunas ceremonias requirieron que algunos lados permanecieran inalterados mientras otros tenían que modificarse.

Esto provocó un problema matemático a los líderes religiosos, que exigía soluciones algebraicas. Se dieron reglas para estas operaciones, y surgieron preguntas sobre el número de ladrillos que tenían que ser empleados en cada ocasión. Decidir esto, para que las hendiduras en los diferentes niveles no coincidieran, condujo a la utilización de los sistemas de ecuaciones.

Aritmética mental en un momento como éste...

¡Oh, muchacha! De un grupo de cisnes, 7/2 veces la raíz cuadrada del número total están jugando en la orilla... Los otros dos están en el agua, luchando amorosamente. ¿Cuál es el número total de cisnes?

Pista: ¡Prueba los números N para los cuales (N-2)/7 es un entero!

Los matemáticos indios calcularon el número π con una precisión de cuatro cifras decimales.

El método usual de los indios para encontrar el área de un círculo o el volumen de una esfera...

...consistía en dividir el área o el volumen en elementos más pequeños, y sumarlos.

Las esferas, por ejemplo, se dividían en un montón de pequeñas pirámides para calcular su volumen, por el mismo principio que el «método de exhaustión» que había usado Arquímedes. Estos métodos, que consistían en sumar elementos «muy pequeños», conllevan rudimentos de lo que después pasaría a conocerse como el cálculo integral.

Los indios aplicaron este método a la astronomía, para descubrir la velocidad y la posición de los planetas. La precisa predicción de los eclipses, por ejemplo, tenía un gran significado religioso. Los astrónomos que lograban predecirlos con mayor rigor obtenían un gran prestigio. Algunos historiadores de las matemáticas lo consideran como el auténtico comienzo del cálculo.

Brahmagupta

Posteriormente, el álgebra apareció como una rama separada de las matemáticas en tiempos de **Brahmagupta** (h. 598), uno de los más grandes matemáticos indios. Escribió un tratado matemático en el cual cubrió temas como las raíces cuadradas y cúbicas, fracciones, reglas de tres, cinco, siete, etc., y permutaciones. En sus tiempos, las ecuaciones fueron clasificadas en grupos que actualmente podemos reconocer: simples (*yavat-tavat*), cuadráticas (*varga*), cúbicas (*ghana*) y bicuadráticas (*varga-varga*). Brahmagupta estudió las ecuaciones lineales con incógnitas y las ecuaciones cuadráticas. Tuvo muchos discípulos, que transmitieron sus ideas a través de los años.

Pequeño monstruo.

Como muchos otros védicos, a Brahmagupta le encantaban los números irracionales, como √2, y logró valores de ellos con un gran nivel de aproximación.

Números jain

Como los védicos, los jain también se interesaron en los números extremadamente grandes, y tenían una única manera de pensar en ellos. Sugirieron que había tres grupos de números: numerables, innumerables e infinitos. Cada grupo se dividía en tres: la primera familia consistía en los números menores, intermedios y altos; la segunda, en los casi innumerables, verdaderamente innumerables e innumeralmente innumerables; la tercera, en los casi infinitos, verdaderamente infinitos e infinitamente infinitos. La matemática europea no alcanzó estas alturas hasta un siglo después, con el trabajo de Cantor.

1.000000000000000000

Mahaviracharya (h. 850), un matemático jain, utilizó números negativos y mencionó el 0.

Un número dividido por 0 permanece inalterado.

Debería ser infinito.

Combinaciones védicas y jain

Tanto los védicos como los jain eran muy aficionados a jugar con las combinaciones. Una fuente de su interés podía venir de la métrica de la poesía védica y sus variaciones. Había métricas de 6, 8, 9, 11 y 12 sílabas. El desafío era alterar los sonidos largos y cortos de cada grupo de sílabas, y encontrar todas las combinaciones posibles. Esto condujo a más juegos de permutaciones (por ejemplo, el número total de perfumes que se podían crear con, pongamos, 12 sustancias escogiendo una, dos, tres o más cada vez).

¡Sniff! Estos 8, 11, 9, 3 huelen muy mal.

El resultado de este proceso fue el <u>meru-prastara</u>, que es lo mismo que el triángulo de Pascal.

Bhaskara II (h. 1114) utilizó el 0 correctamente tanto en la aritmética como en el álgebra. Para el álgebra, empleó la moderna teoría de utilizar signos y letras para designar las cantidades desconocidas. Estudió varios problemas sofisticados de la teoría de números, y se asegura que su trabajo contiene «el germen del cálculo moderno».

Matemática en verso

En la India, las ideas matemáticas eran a menudo transmitidas oralmente en forma de poemas. Los acertijos matemáticos en verso aún son comunes en nuestros días. Un famoso poema matemático dice:

Oh hermosa doncella de ojos radiantes, cuéntame,
desde que entendiste el método de la inversión,
¿qué número multiplicado por 3,
incrementado en 3/4 de este producto,
dividido por 7,
disminuido en 1/3 del resultado,
multiplicado por sí mismo,
disminuido en 52,
si luego extraemos su raíz cuadrada,
añadimos 8 y después dividimos por 10,
nos da el resultado final 2?

¿Cuánto tiempo tengo?

¡Vaya verso!

¡No! ¡Mira la página siguiente! ¡Si piensas que la poesía es mala, mira las matemáticas!

Así es como se ha conseguido el resultado:

$[(2)(10) − 8]^2 + 52$ nos da 196. Entonces

$$\sqrt{196} = 14$$

Empezando por este 14:

$$\frac{(14)(3/2)(7)(4/7)}{3} = 28,$$ que es la solución.

Hoy en día, empezaríamos por designar la solución desconocida por x, y escribiríamos:

$$((\sqrt{\{[x.3. (7/4)(2/3)]^2 − 52\}} + 8))/3 = 2$$

Resolver esta complicada operación no dista mucho del método antiguo, pero ahora podemos manejar la x hasta conseguir igualarla a un número.

Ramanujan

La historia de la matemática india está repleta de ejemplos de matemáticos intuitivos. **Srinivasa Ramanujan** (1887- 1920), por ejemplo, fue un auténtico desastre académico, pero un brillante matemático. Siendo un humilde contable y un hombre absolutamente tradicional, Ramanujan confiaba en el misticismo y en la metafísica tanto como en sus ideas abstractas para sus matemáticas. Logró sus brillantes y profundos (y ocasionalmente erróneos) resultados sin apoyo de nadie.

Su protector en Inglaterra, el matemático **G. H. Hardy**, lo visitó una vez cuando estaba en el hospital.

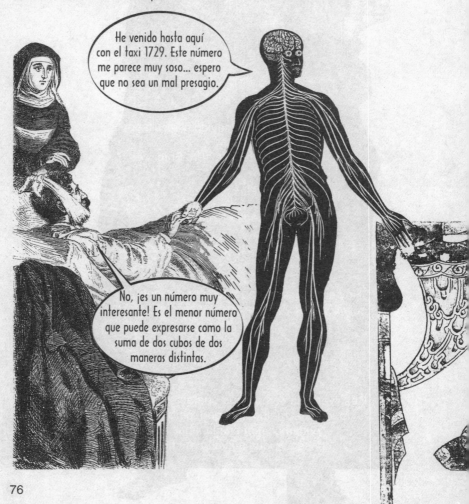

Los musulmanes unificaron las matemáticas de las primeras civilizaciones, fusionando las tradiciones algebraica y aritmética de Babilonia, India y China con la tradición geométrica griega y del mundo helenístico. Por tanto, se encontraban muy seguros manejando las operaciones aritméticas básicas tanto para números enteros como para fracciones, el uso e intercambio de números decimales y sexagesimales, la extracción de raíces cuadradas, las operaciones con números irracionales, la extracción de raíces cúbicas, la elaboración de coeficientes binomiales y la extracción de raíces de cuarto grado y superiores.

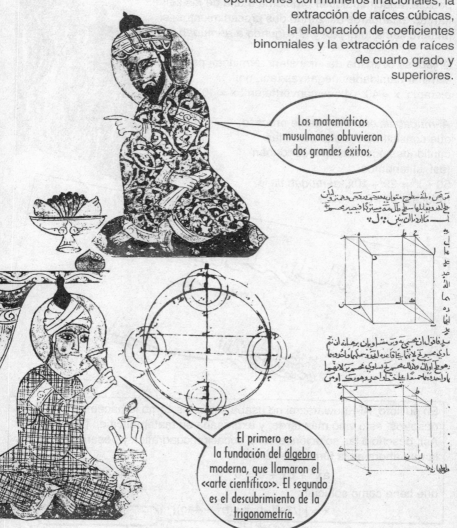

Los matemáticos musulmanes obtuvieron dos grandes éxitos.

El primero es la fundación del <u>álgebra</u> moderna, que llamaron el «arte científico». El segundo es el descubrimiento de la <u>trigonometría</u>.

Al-Khuwarazmi

Muhammad bin Musa al-Khuwarazmi (h. 847) fue el fundador del álgebra tal como la conocemos hoy en día. La palabra «álgebra» proviene del título de su libro: *Kitab al-mukhasar fi hisab al-jabr wa'l muqabala* (*El libro sumario sobre cálculo por trasposición y reducción*). La palabra «algoritmo» deriva de su nombre. Al-Khuwarazmi explicó cómo es posible reducir cualquier problema a una de las seis formas estándares utilizando dos procedimientos, el primero llamado *al-jabr* y el segundo a *al-muqabala*.

Al-jabr se ocupaba de «transferir términos» para eliminar cantidades negativas (así, por ejemplo, $x = 40 - 4x$ se convertía en $5x = 40$).

Al-muqabala era el siguiente proceso, que consistía en «balancear» las cantidades positivas que quedaban (así, si tenemos $50 + x^2 = 29 + 10x$, *al-muqabala* lo reduce a $x^2 + 21 = 10x$).

En su libro, Al-Khuwarazmi no usaba símbolos como lo hacemos nosotros, esto vino más tarde, y expresaba su matemática en palabras. Así, describió las soluciones de la ecuación cuadrática y desarrolló la que ahora es la fórmula estándar:

$$ax^2 + bx + c = 0$$

que tiene como solución:

$$x = [1/2a][-b \pm \sqrt{(b^2 - 4ac)}]$$

Lo vimos en la página 45.

DESARROLLO DEL ÁLGEBRA

Los matemáticos musulmanes se proponían <<operar con las incógnitas con la ayuda de todas las herramientas aritméticas conocidas, como los aritméticos operan con las cantidades conocidas>>.

Para nosotros, el propósito del álgebra tenía dos caras: la aplicación sistemática de operaciones de aritmética básica a las expresiones algebraicas y el estudio de las expresiones algebraicas independientemente de lo que éstas representaban, para poder aplicar sobre ellas las operaciones generales que se aplicaban a los números.

Al-Samaw'al
(muerto en 1175)

Al-Samaw'al fue el primero en escribir resultados algebraicos en forma simbólica.

También poseía una inmensa habilidad para manejar números negativos, a los que trataba como a entidades separadas.

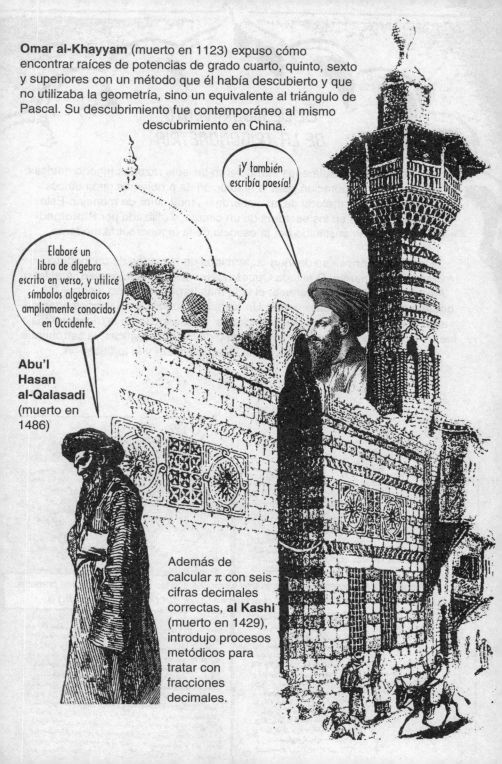

Omar al-Khayyam (muerto en 1123) expuso cómo encontrar raíces de potencias de grado cuarto, quinto, sexto y superiores con un método que él había descubierto y que no utilizaba la geometría, sino un equivalente al triángulo de Pascal. Su descubrimiento fue contemporáneo al mismo descubrimiento en China.

¡Y también escribía poesía!

Elaboré un libro de álgebra escrito en verso, y utilicé símbolos algebraicos ampliamente conocidos en Occidente.

Abu'l Hasan al-Qalasadi (muerto en 1486)

Además de calcular π con seis cifras decimales correctas, **al Kashi** (muerto en 1429), introdujo procesos metódicos para tratar con fracciones decimales.

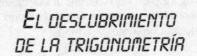

EL DESCUBRIMIENTO DE LA TRIGONOMETRÍA

Los matemáticos musulmanes introdujeron las seis razones trigonométricas básicas y su elaboración para la resolución de problemas geométricos. Esto desplazó al método de las «cuerdas», muy difícil de manejar. Este método, basado en los sectores de un círculo, y utilizado por **Ptolomeo** (100-170), fue sustituido por la esencia de la trigonometría moderna.

Estas «funciones» se definen en términos de los lados de un triángulo rectángulo. Llamamos **O** al lado Opuesto a un determinado ángulo, **A** al lado Adyacente y **H** a la Hipotenusa, el lado más largo. Entonces, **seno** = O/H, **coseno** = A /H y **tangente** = O/A. Un increíble mundo de relaciones aparece a partir de estas tres simples definiciones. El desarrollo de la trigonometría fue de la mayor importancia en el progreso de las matemáticas, la astronomía y algunas artes prácticas como la agrimensura y la fortificación.

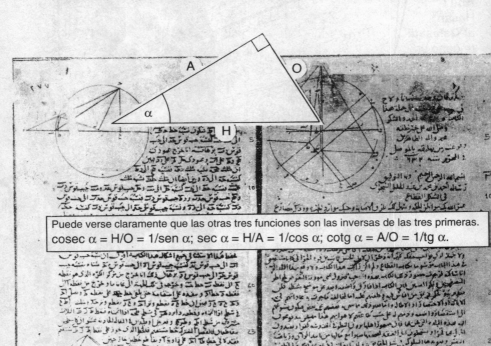

Puede verse claramente que las otras tres funciones son las inversas de las tres primeras.
cosec α = H/O = 1/sen α; sec α = H/A = 1/cos α; cotg α = A/O = 1/tg α.

Al-Battani

Al-Battani (muerto en 929) encontró un gran número de relaciones trigonométricas.
Entre ellas:

$$tg\ a = sen\ a/cos\ a$$

$$sec\ a = \sqrt{1 + tg^2\ a}$$

También resolvió la ecuación sen x = a cos x, descubriendo la fórmula:

$$sen\ x = a / \sqrt{1 + a^2}$$

Además utilicé la idea de la tangente o «sombra», introducida por primera vez por al-Marwazi (h. 900), para desarrollar ecuaciones para calcular tangentes y cotangentes, y compilé una tabla de cotangentes.

ABU WAFA

Abu Wafa (muerto en 998) estableció las relaciones siguientes:

sen (a + b) = sen a cos b + cos a sen b

$\cos 2a = 1 - 2 \operatorname{sen}^2 a$

sen 2a = 2 sen a cos a

y descubrió la fórmula del seno para la geometría esférica:

$$\frac{\operatorname{sen} A}{\operatorname{sen} a} = \frac{\operatorname{sen} B}{\operatorname{sen} b} = \frac{\operatorname{sen} C}{\operatorname{sen} c}$$

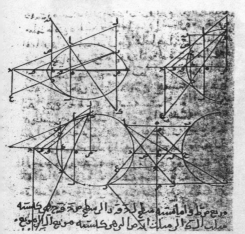

Mis construcciones fueron tan útiles que se usaron ampliamente en Europa durante el Renacimiento. También preparé nuevas tablas trigonométricas, y desarrollé métodos para resolver algunos problemas de triángulos esféricos.

A, B, C son las longitudes (en grados) de los arcos de los círculos máximos que delimitan un triángulo en la superficie de una esfera, y a, b, c son sus ángulos opuestos. Los círculos máximos en una esfera son planos que pasan por el centro de la esfera. (Hoy en día, los vuelos transcontinentales describen un gran arco, que es el camino más corto entre dos puntos.)

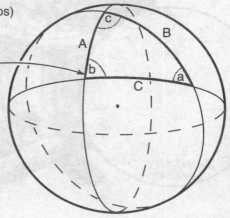

Ibn Yunus y Thabit ibn Qurra

Ibn Yunus (muerto en 1009) demostró la siguiente fórmula:

cos a cos b = 1/2 [cos (a − b) + cos (a + b)]

A pesar de tratar con funciones trigonométricas, permite que un producto sea tratado como una suma. En los tiempos en los que calcular productos con números de muchos dígitos era difícil y aburrido, esta fórmula permitía ahorrarse mucho trabajo. Posteriormente, esto estimuló el desarrollo de los logaritmos, con los que se logró la misma fórmula, pero más directamente. También nos conduce a la fórmula fundamental de la geometría esférica, en uso hoy en día, a la que llamamos fórmula del coseno:

cos a = cos b cos c + sen b sen c cos A

(donde A es el arco de un círculo máximo, y a es el ángulo opuesto).

Thabit ibn Qurra (muerto en 901) escribió sobre la teoría de números y extendió su uso para describir las razones entre cantidades geométricas, un paso que los griegos nunca dieron.

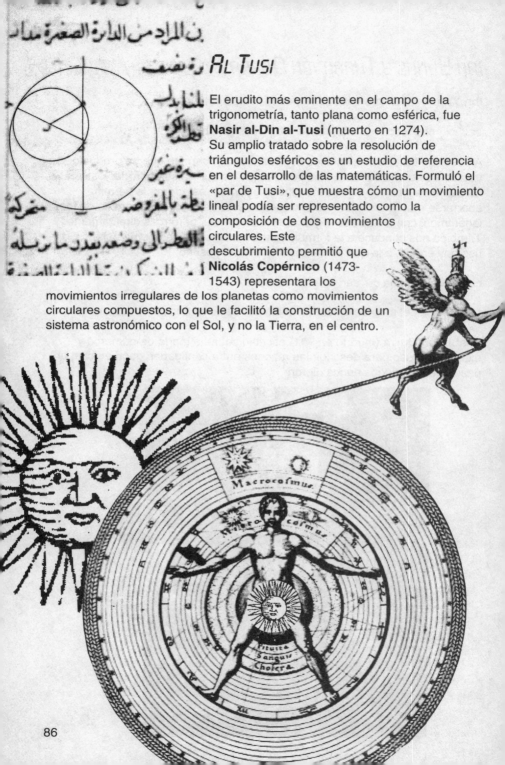

AL TUSI

El erudito más eminente en el campo de la trigonometría, tanto plana como esférica, fue **Nasir al-Din al-Tusi** (muerto en 1274). Su amplio tratado sobre la resolución de triángulos esféricos es un estudio de referencia en el desarrollo de las matemáticas. Formuló el «par de Tusi», que muestra cómo un movimiento lineal podía ser representado como la composición de dos movimientos circulares. Este descubrimiento permitió que **Nicolás Copérnico** (1473-1543) representara los movimientos irregulares de los planetas como movimientos circulares compuestos, lo que le facilitó la construcción de un sistema astronómico con el Sol, y no la Tierra, en el centro.

SOLUCIONES DE PROBLEMAS CON ENTEROS

Durante muchos siglos, los problemas con soluciones enteras fueron muy populares, porque eran los «números» que la gente entendía. Un ejemplo es el problema de la «herencia»:

Una enfoque sistemático a este tipo de problemas fue logrado por primera vez por **Diofanto** (h. 275). Los matemáticos musulmanes trabajaron mucho en el desarrollo teórico de estos problemas. Un punto de partida natural fueron los «números pitagóricos», como el 3, el 4 y el 5, que forman los lados de un triángulo rectángulo. La relación fue generalizada y en el siglo x los matemáticos musulmanes se preguntaron: ¿puede la ecuación $x^n + y^n = z^n$ resolverse con números enteros? Muchos matemáticos creyeron haber encontrado una demostración de la imposibilidad de una solución, al igual que Fermat muchos siglos más tarde (el problema lleva su nombre). Sus sucesores descubrieron sus errores, ¡y ahora sabemos que es un problema realmente difícil!

Nacimiento de las matemáticas europeas

Las matemáticas europeas contaron con la contribución de todas las demás civilizaciones para su desarrollo. Hasta la Edad Media, Europa era significativamente inferior a las civilizaciones del Lejano Oriente en términos de tecnología, ciencia y cultura. Las alcanzó gradualmente, al principio mediante contactos culturales durante las Cruzadas, y después mediante diálogos entre eruditos en España e Italia.

El material en lengua árabe (tanto traducciones del griego como obras originales) era traducido en equipo, algunas veces con intermediarios judíos.

Los nombres científicos que empiezan por «al», como álgebra y alcohol, son un recuerdo de este proceso. Con el Renacimiento, en el siglo xv, la tradición pitagórica de la matemática estética y mística fue redescubierta.

En el siglo XVI, la «edad de la expansión», las matemáticas europeas se consolidaron.

Las exploraciones, conquistas y guerras religiosas eran los grandes asuntos.

Las matemáticas se necesitaron para la navegación de ultramar, y se emplearon para la defensa (diseñando fortificaciones) y el ataque (tablas de artillería). Disciplinas como la trigonometría eran vitales para tener éxito en estas empresas. Progresaron tanto en la práctica (mejoraron las tablas) como en la teoría.

Existió también un gradual pero continuo desarrollo del comercio, que reclamaba mejorar los métodos de cálculo. Anteriormente, la Iglesia había denunciado los numerales «arábigos», y la teneduría de libros de cuentas de doble entrada era considerada un arte mágico. Pero ahora se habían convertido en demasiado importantes como para ser rechazados.

El progreso en las matemáticas europeas fue acompañado por una serie de crisis y paradojas. Los números negativos e irracionales, que prácticamente no habían preocupado a los matemáticos chinos, indios e islámicos, se erigieron como un gran problema para los matemáticos europeos, incluso cuando los utilizaban con gran éxito. Finalmente, las paradojas propiciaron el surgimiento de nuevos campos de las matemáticas...

...que en el siglo XX se convirtieron en el colmo de las paradojas.

René Descartes

Es significativo que el mayor innovador europeo en las matemáticas, el francés **René Descartes** (1596-1650), fuera también filósofo. En sus investigaciones, no se dejó influir por la literatura humanista a la hora de profundizar en las matemáticas. Pero al principio estaba decepcionado.

Veo que el álgebra es oscura y confusa, y la geometría muy restrictiva...

...así que combinaré sus fuerzas para remediar su debilidad.

¿Por qué Descartes se refería con tanto desprecio al álgebra y se mostraba tan determinado a mejorarla? Pues porque el álgebra fue sólo parcialmente formalizada durante el siglo xvi. Algunos de sus términos eran meros nombres abreviados, ni claramente descriptivos ni útiles para la manipulación. Pero para los matemáticos de su tiempo existían dificultades peores. Se encontraban describiendo cosas que eran realmente disparatadas, ¡o peor!

Ya hemos mencionado los números «imaginarios», las raíces de las ecuaciones algebraicas como $x^2 + 1 = 0$. ¿Qué clase de números son éstos? No podemos enumerar objetos con ellos. ¿Qué tipo de objetos físicos pueden existir que al medirlos y multiplicarlos por sí mismos den cantidades negativas? Está muy bien manipularlos con reglas conocidas, pero no hay ninguna seguridad de no estar escribiendo cosas sin sentido.

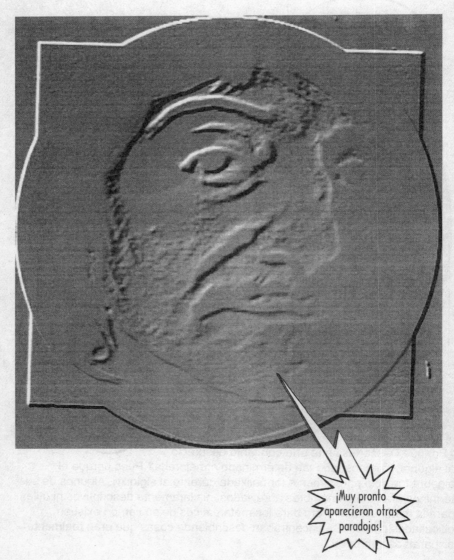

¡Muy pronto aparecieron otras paradojas!

GEOMETRÍA ANALÍTICA

Gracias al esfuerzo de Descartes surgió la geometría «analítica» o «coordenada».

La geometría analítica se basa en la idea de que un punto en el espacio...

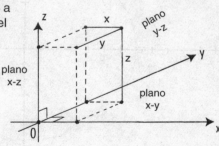

...puede ser definido con relación a otro por conjuntos de números.

En el plano geométrico, hay dos ejes formando un ángulo recto a los que normalmente llamamos eje de las x y eje de las y. La posición de cualquier punto de este plano se determina por sus coordenadas (x, y), que son la distancia en las direcciones de las x y las y al origen, o el punto de intersección de los dos ejes.

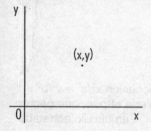

En tres dimensiones, tenemos tres ejes que forman un ángulo recto dos a dos: el eje de las x, el eje de las y y el eje de las z.

En los ejes *x* e *y* podemos dibujar una gráfica punto a punto.

Es más, podemos establecer una relación entre las coordenadas de cada punto con una ecuación.

La forma más simple de una gráfica es una línea recta, que es descrita por una ecuación lineal de la forma $y = ax + b$, donde a y b son constantes.

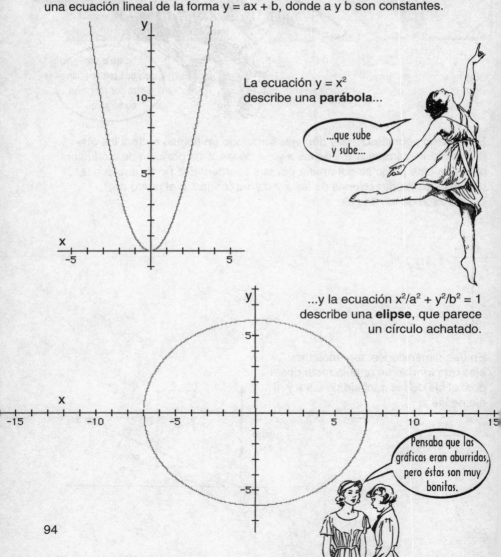

La ecuación $y = x^2$ describe una **parábola**...

...que sube y sube...

...y la ecuación $x^2/a^2 + y^2/b^2 = 1$ describe una **elipse**, que parece un círculo achatado.

Pensaba que las gráficas eran aburridas, pero éstas son muy bonitas.

94

La tercera curva de esta familia...

...llamada «secciones cónicas»...

...es la **hipérbola**, con la ecuación $x^2/a^2 - y^2/b^2 = 1$. El signo negativo establece la diferencia, y esta curva tiene dos brazos que van hacia el infinito.

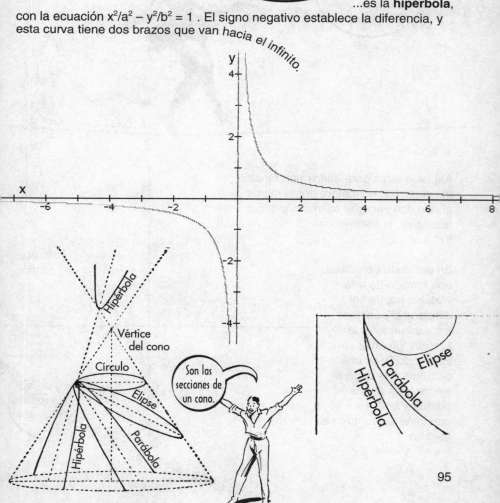

Son las secciones de un cono.

FUNCIONES

El término «**función**» expresa relación, o dependencia, de una variable con respecto a otra u otras. Decimos, por ejemplo, que y es función de x, o que z es función de x e y. (Después de Descartes, utilizamos estas letras del final del alfabeto para las variables, y las letras del principio, como a, b, c, para las constantes.)

En geometría analítica y cálculo utilizamos funciones descritas con ciertos símbolos.

Así, si la regla para definir una función es: multiplica el número por sí mismo, añade dos veces el mismo número y resta tres, lo escribimos:
$f(x) = x^2 + 2x - 3$

En geometría analítica una función de una variable puede ser dibujada si ponemos las x en un eje y la función f(x) en el otro. Esta función es una parábola que corta al eje de las x en los puntos x = –3 y x = +1, y que tiene su punto más bajo en
x = –1, y = –4.

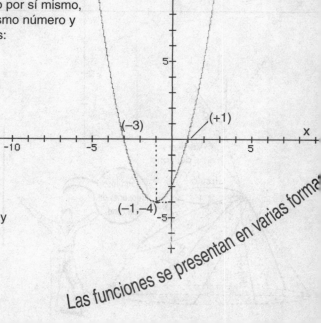

Las funciones se presentan en varias formas

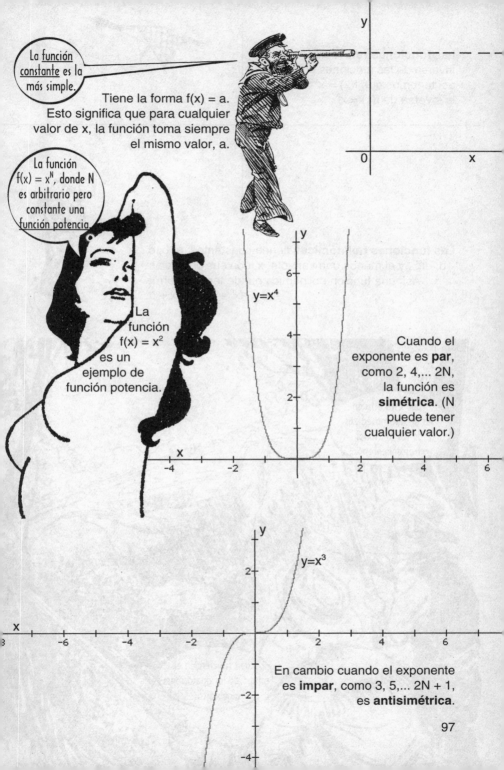

La función <u>constante</u> es la más simple.

Tiene la forma $f(x) = a$. Esto significa que para cualquier valor de x, la función toma siempre el mismo valor, a.

La función $f(x) = x^N$, donde N es arbitrario pero constante una <u>función potencia</u>.

La función $f(x) = x^2$ es un ejemplo de función potencia.

$y = x^4$

Cuando el exponente es **par**, como 2, 4,... 2N, la función es **simétrica**. (N puede tener cualquier valor.)

$y = x^3$

En cambio cuando el exponente es **impar**, como 3, 5,... 2N + 1, es **antisimétrica**.

97

Las **funciones raíz** representan la inversa de las funciones potencia; así tenemos que $f(x) = x^{1/2} = \sqrt{x}$ es la inversa de $f(x) = x^2$.

$y = \sqrt{x}$

Las **funciones polinómicas** tienen constantes, a, b, c, d, etc., y al menos una variable, x, con sus potencias. Así, una función polinómica puede tener la forma $f(x) = ax^3 + bx^2 + cx + d$.

Todo esto está en las arenas movedizas de las funciones «trascendentes»...

...que trascienden el campo de las operaciones algebraicas.

Las **funciones trigonométricas** usan las razones trigonométricas, como el seno y el coseno. Un ejemplo es $f(x) = \text{sen}(x)$.

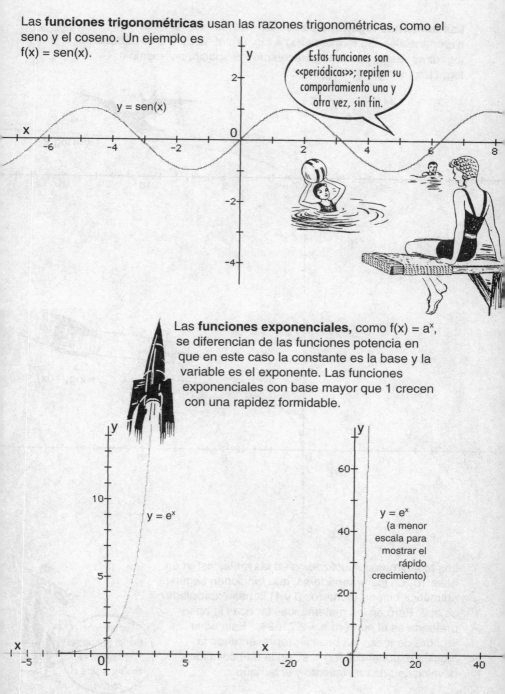

Estas funciones son «periódicas»; repiten su comportamiento una y otra vez, sin fin.

$y = \text{sen}(x)$

Las **funciones exponenciales,** como $f(x) = a^x$, se diferencian de las funciones potencia en que en este caso la constante es la base y la variable es el exponente. Las funciones exponenciales con base mayor que 1 crecen con una rapidez formidable.

$y = e^x$

$y = e^x$
(a menor escala para mostrar el rápido crecimiento)

Las **funciones logarítmicas** son las inversas de las funciones exponenciales. Su forma es $f(x) = \log_a (x)$; el número a es la **base** del logaritmo. Estas funciones crecen muy despacio, por ejemplo: $\log_a (10x) = \log_a (x) + \log_a (10)$.

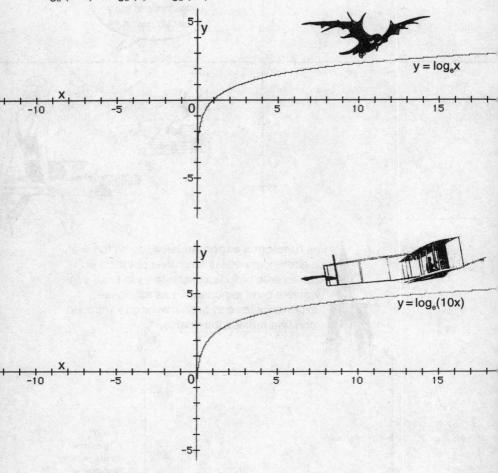

$y = \log_e x$

$y = \log_e(10x)$

Los logaritmos que utilizamos en las tablas están en base 10. En los ordenadores, que funcionan según la aritmética binaria (números 0 y 1) la base apropiada es el 2. Pero en las matemáticas teóricas la base preferida es el número e = 2,71828... Ésta es la «madre de todas las bases», representando la función exponencial $f(x) = e^x$, en la que coinciden la velocidad de crecimiento y el tamaño.

Las funciones son las principales herramientas analíticas para el cálculo.

EL CÁLCULO INFINITESIMAL

Con Descartes culminó el proceso de liberación del álgebra de las palabras, igual que la geometría griega había liberado las construcciones de los números. Una vez proporcionado un formalismo para describir las relaciones algebraicas, el progreso fue rápido. Cuarenta años después de la publicación de la geometría algebraica de Descartes, el filósofo y matemático alemán **Gottfried Wilhelm von Leibniz** (1646-1716) creó un álgebra del infinito, que ahora lo llamamos «cálculo infinitesimal», una herramienta muy poderosa para analizar el crecimiento y el cambio.

La posición del cuerpo «fluido»: x

La velocidad, o «fluxión»: ẋ

Newton

La variable: x
La función: f(x)
La curva y = f(x)
La pendiente de la tangente = la derivada: f'(x) = dy/dx.
El área bajo la curva entre los puntos x = a y x = b:
$$\int_a^b f(x)dx.$$

Leibniz

Sir **Isaac Newton** (1642-1727) había efectuado un descubrimiento equivalente un poco antes, pero simplemente extendió la notación de Descartes en vez de ir mas allá, así que hoy en día la forma de cálculo que predomina es la de Leibniz. Fueron dos filósofos, Descartes y Leibniz, los creadores de la notación y las ideas que han dado forma a las matemáticas desde entonces.

El secreto del cálculo está en unificar dos tipos de problemas que previamente no parecían en absoluto relacionados. Ahora los llamamos derivación e integración.

DERIVACIÓN

Podemos ver el cálculo infinitesimal como una extensión de la geometría analítica; además comparte mucha de su terminología.

Trabaja con cantidades que varían constantemente.

El proceso de saber cuán rápidamente varía una cantidad se llama **derivación**. Cuando derivamos una función, obtenemos su velocidad de cambio.

Imagínate un vehículo circulando por una carretera. Su posición está cambiando constantemente a lo largo del camino. En cualquier momento dado, t, su posición, x, se representa por una función continua x(t).

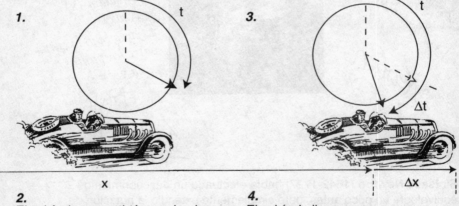

1.

3.

2.
El vehículo se continúa moviendo, y después de un incremento de tiempo, llamémosle Δt, ha alcanzado una nueva posición, a la que llamamos x + Δx.

4.
El vehículo llega a una nueva posición en un nuevo tiempo, que es la suma del tiempo original, t, y el tiempo adicional hasta la nueva posición, t + Δt.

¿Cuál es la velocidad media de nuestro vehículo? La velocidad se determina dividiendo la distancia recorrida, Δx, por el tiempo empleado en recorrerla, Δt. Es decir: $\Delta x / \Delta t = f(t + \Delta t) - f(t) / \Delta t$

Supongamos que queremos definir la velocidad de un cuerpo en movimiento, digamos un coche, en el instante t, o el valor de cambio de x en el tiempo t. Podemos intentar determinarlo haciendo que el incremento Δt sea lo menor posible, tan pequeño que sea prácticamente cero. Entonces decimos que el **límite** de la velocidad Δx/Δt cuando Δt tiende a 0 es la velocidad instantánea. Normalmente se escribe como dx/dt y se conoce como la **derivada** de x.

Si dibujamos la gráfica de las x respecto al tiempo t, la derivada nos da la pendiente de la tangente a la curva en t.

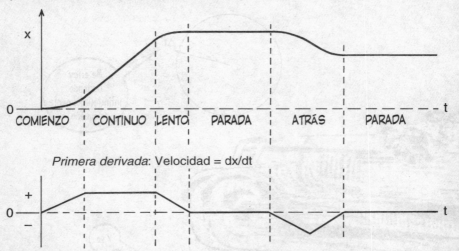

x

0   t
COMIENZO   CONTINUO LENTO   PARADA   ATRÁS   PARADA

Primera derivada: Velocidad = dx/dt

+

0   t
−

También podemos hacer la derivada de la derivada para obtener la derivada segunda. En nuestro ejemplo del vehículo en la carretera, la segunda derivada nos da el valor de cambio de la velocidad, es decir, la aceleración.

Segunda derivada: Aceleración = d^2x/dt^2

+

0   t
−

¡Uf!, es un poco difícil, ¿Verdad?

Prepárate, ahora viene un poquito más de análisis.

INTEGRACIÓN

Ahora viene el golpe maestro, la relación que hizo del «calculus» el formalismo matemático más potente de todos los tiempos.

Fueron cruciales los dos enfoques sobre las propiedades de las curvas, uno era tratar la curva como un todo y el otro, estudiarla sólo en un punto concreto.

CUERDA 1
CUERDA 2
CUERDA 3
TANGENTE

El primer tipo de problemas se había resuelto con métodos especiales como el de «exhaustión», y el

segundo, trazando cuerdas a la curva que pasaran por el punto.

Una vez que las curvas fueron percibidas como gráficos de funciones, el problema de las áreas podía estudiarse bajo dos puntos de vista. Por un lado, las áreas podían buscarse «exhaustivamente» con rectángulos verticales; y por el otro, si consideramos el área **como una nueva función,** resulta que tiene por derivada una función igual a la original. Así, un único método, tomar derivadas y sus inversas, podía resolver las dos clases de problemas.

Empecemos con las derivadas y sus inversas.

Ahora podemos ver cómo funciona en el ejemplo de nuestro vehículo viajando por la carretera y las tres gráficas de la distancia, la velocidad y la aceleración. En vez de mirar las gráficas empezando con la función distancia x(t), y calculando la primera y la segunda derivada, empezaremos con las derivadas hasta encontrar la función distancia.

Bien. De las gráficas del vehículo en la carretera, empezaremos por la de la aceleración y seguiremos con la de la velocidad y con la de la distancia...

Al empezar, en la parte izquierda de la gráfica, la aceleración es positiva, y la velocidad va aumentando, igual que cuando comenzamos a conducir un coche.

Observamos que la aceleración constante produce una gráfica de la velocidad que es una línea recta

y una gráfica de la distancia que es una curva (en realidad se trata de una parábola).

Ahora vemos que un punto en movimiento a través del tiempo define un **área** entre la curva y el eje del tiempo. Ésta es la clave de toda la historia.

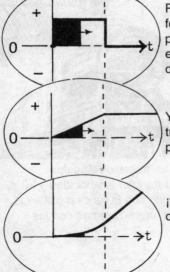

Para la gráfica de la aceleración, el área crece formando un rectángulo: el área se incrementa en proporción al tiempo que ha pasado. ¡Pero éste es exactamente el comportamiento de la gráfica de la velocidad!

Y el área de la gráfica de la velocidad define un triángulo, es decir, el área crece lentamente al principio y más rápidamente después;

¡y esto es justamente lo que hace la gráfica de la distancia!

Lo que acabamos de ver es que si una función es la **derivada** (o el valor de cambio) de otra, ¡entonces la segunda es la **función área** de la primera!

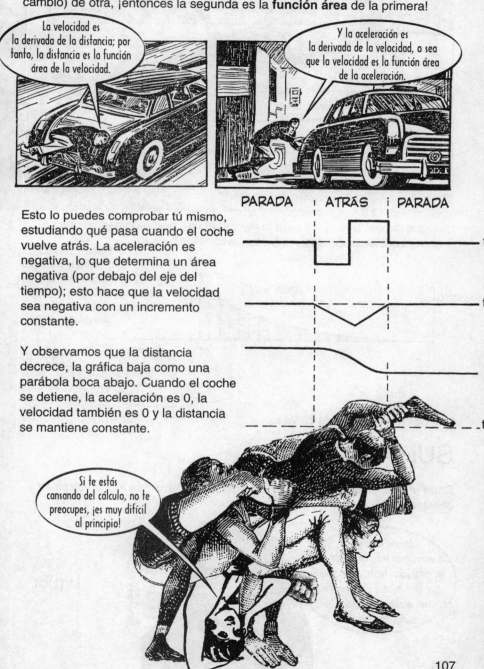

> La velocidad es la derivada de la distancia; por tanto, la distancia es la función área de la velocidad.

> Y la aceleración es la derivada de la velocidad, o sea que la velocidad es la función área de la aceleración.

PARADA | ATRÁS | PARADA

Esto lo puedes comprobar tú mismo, estudiando qué pasa cuando el coche vuelve atrás. La aceleración es negativa, lo que determina un área negativa (por debajo del eje del tiempo); esto hace que la velocidad sea negativa con un incremento constante.

Y observamos que la distancia decrece, la gráfica baja como una parábola boca abajo. Cuando el coche se detiene, la aceleración es 0, la velocidad también es 0 y la distancia se mantiene constante.

> Si te estás cansando del cálculo, no te preocupes, ¡es muy difícil al principio!

107

Todo lo que nos queda por hacer es ver cómo la otra concepción de la integral, la del área, encaja con la definición de inversa de la derivada. Ésta es la idea con la que Newton concibió el cálculo infinitesimal, al contrario que Leibniz, que empezó con las áreas como suma de rectángulos infinitamente estrechos.

Empezando con una curva para la velocidad v(t), nos imaginamos que su área está cubierta por rectángulos de base Δt y altura v(t).

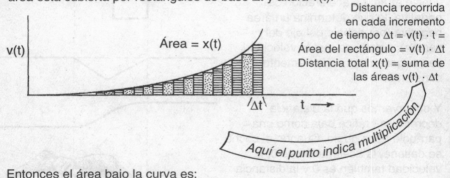

$v(t)$

Área = $x(t)$

Δt

$t \longrightarrow$

Distancia recorrida en cada incremento de tiempo $\Delta t = v(t) \cdot t =$ Área del rectángulo $= v(t) \cdot \Delta t$
Distancia total $x(t) =$ suma de las áreas $v(t) \cdot \Delta t$

Aquí el punto indica multiplicación

Entonces el área bajo la curva es:

SUMA {todos los rectángulos $v(t) \cdot \Delta t$}

Cada una de estas áreas define una distancia x, recorrida a una velocidad constante v en un intervalo de tiempo Δt.

Ahora, digo yo, si disminuimos infinitesimalmente los intervalos hasta poder asumir que tienen base dt, y ponemos un símbolo especial a la suma, obtenemos...

LEIBNIZ

$\int v(t)dt$

Para volver a la relación inversa-derivada, lo único que necesitamos es imaginarnos el último rectángulo, que es precisamente Δx.

Así, puesto que

$$\Delta x = v(t) \cdot \Delta t$$

obtenemos

$$\Delta x / \Delta t = [v(t) \cdot \Delta t] / \Delta t$$

y finalmente

$$dx / dt = v(t)$$

Esto significa que la derivada de la integral definida como la suma de áreas de rectángulos es exactamente la misma función cuya área produce la integral.

Son (relativamente) fáciles de encontrar las derivadas de funciones definidas algebraicamente o en términos de algunas funciones especiales. Para encontrar la forma algebraica de la función área, sólo hace falta encontrar la función cuya derivada es la función original. Los problemas de las propiedades de las curvas como un todo quedan reducidos a los de las propiedades de las curvas en un punto.

Esto nos permite resolver problemas en términos de velocidades de cambio, y buscar sus soluciones en términos de posiciones.

¡Así es!

El cálculo infinitesimal se aplicó a la mecánica y la astronomía. Las técnicas de las ecuaciones diferenciales permitieron la creación de la física matemática. A partir de ella surgieron las ciencias del calor, la energía, la electricidad y el magnetismo. El mundo de la ciencia moderna, incluyendo el mundo de la tecnología, depende directamente del cálculo infinitesimal.

LAS PREGUNTAS DE BERKELEY

¿Qué sucede con el incremento, y su misteriosa conversión en 0? La gente se lo preguntaba a Newton y Leibniz y no obtenía respuestas satisfactorias. El filósofo irlandés y obispo anglicano **George Berkeley** (1685-1753) expuso las preguntas de una forma muy punzante.

Observo que formar un cociente con los incrementos sólo tiene sentido si no son 0; de otro modo estamos dividiendo por 0, y esto no es legítimo.

De William Blake, *Newton*

¿Es el incremento siempre diferente de 0, o en algún momento vale exactamente 0? ¿Es el «fantasma de la cantidad desaparecida»?

Y, además, el Sr. Newton está desnudo.

El propósito de Berkeley era demostrar que los «librepensadores», que clamaban que la Ciencia y la Razón pronto reemplazarían los misterios y supersticiones de las creencias religiosas, eran tan oscuros y dogmáticos como el peor de los teólogos. En su panfleto se preguntaba: «...¿es posible que objetivos, principios e inferencias del Análisis moderno estén mejor concebidos, o deducidos con más evidencias, que los Misterios religiosos y los asuntos de la Fe?». Para él la respuesta era muy clara...

¡NO!

Algunos matemáticos intentaron responder al panfleto de Berkeley, *El analista*. Él utilizó sus respuestas para exponer sus confusiones de forma cada vez más cruel. Su réplica, *En defensa del librepensamiento en las matemáticas*, es una obra maestra del análisis crítico.

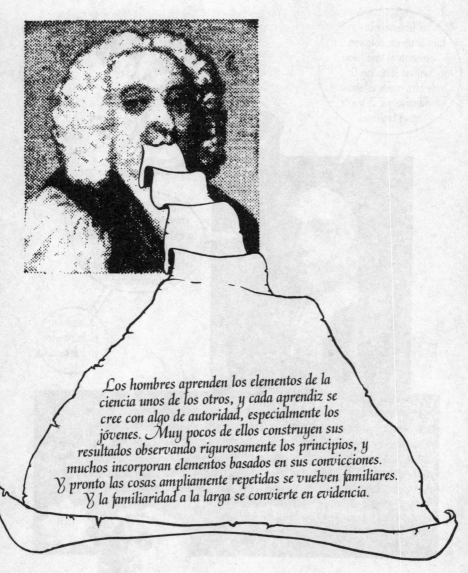

Los hombres aprenden los elementos de la ciencia unos de los otros, y cada aprendiz se cree con algo de autoridad, especialmente los jóvenes. Muy pocos de ellos construyen sus resultados observando rigurosamente los principios, y muchos incorporan elementos basados en sus convicciones. Y pronto las cosas ampliamente repetidas se vuelven familiares. Y la familiaridad a la larga se convierte en evidencia.

Berkeley defendía que el hecho de aprender cómo resolver problemas en las matemáticas y la ciencia no necesariamente nos ayuda a comprender qué es lo que éstas tratan. Anticipó la imagen de la investigación científica desarrollada por **T. S. Kuhn** (1922-1995), que describió la «ciencia normal» como una práctica de «resolver puzzles» con un «paradigma» (marco del pensamiento) que no se cuestiona, y es incuestionable desde el momento en que funciona. Para Kuhn, la ciencia ordinaria es realmente una práctica para mentes estrechas, y divulgar la ciencia (incluyendo las matemáticas) es necesariamente una práctica dogmática.

El dios de Euler

Fue el matemático suizo **Leonhard Euler** (1707-1783) quien enlazó por primera vez las funciones exponenciales y trigonométricas y dio una fórmula que mostraba su relación.

Euler poseía un genio matemático extraordinario, y hay montones de historias sobre sus proezas. Era un empleado de la corte de Federico el Grande de Prusia, donde conoció al enciclopedista y filósofo francés **Denis Diderot** (1713-1784). Diderot era un ateo convencido...

Reto al pío Euler a una demostración matemática de la existencia de Dios.

$(a + b^n) / n = x$, luego Dios existe.

Diderot quedó mudo de asombro, y regresó a la seguridad de los salones de París.

La fórmula mencionada en esta historia no tiene nada de especial.
Pero Euler también desarrolló una de las fórmulas más bonitas de toda
la matemática, que realmente hace que uno se pare y piense.

La fórmula de Euler es una expresión misteriosa y trascendente que
conecta los cinco números más fundamentales de todo el universo:

$$e^{\pi\sqrt{-1}} + 1 = 0$$

Mirándola en orden inverso, el primero en aparecer es el 0, el misterioso cuasinúmero. Después encontramos el 1, la unidad, el fundamento de todos los números. También aparece su negativo encajonado en la raíz cuadrada ($\sqrt{-1}$, al que llamamos «i»). Es la unidad básica de los «números imaginarios», que han fascinado a tantas culturas y civilizaciones. Luego está la clásica constante matemática, π, que mide la razón entre la circunferencia y su diámetro. El último número, el más recientemente descubierto, es el trascendental número e, la base «natural» del crecimiento exponencial.

¿Es posible que una relación como ésta haya sido descubierta repitiendo experimentos una y otra vez?

De hecho, la fórmula divina de Euler deriva de una función que él descubrió, que relaciona los números complejos con las funciones trigonométricas descubiertas por los matemáticos musulmanes (véase la pág. 85).

Hemos visto que la función e^x tenía una gráfica que crecía muy rápidamente (véase la pág. 99). En cambio, ¡la gráfica de $e^{\sqrt{(-1)}x}$ es un círculo! Su radio es precisamente la unidad, y x es el ángulo formado por el eje y la línea que une el origen con el punto. A medida que el punto se mueve a lo largo de la circunferencia, la x crece de 0 a 2π. Pero si miramos esta gráfica fijándonos en las funciones trigonométricas, observamos que la parte «real» del número $e^{\sqrt{(-1)}x}$ es precisamente cos x, y la parte «imaginaria» es sen x.

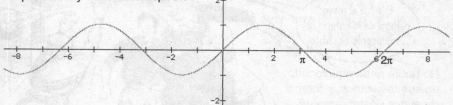

Así podemos escribir:

$e^{ix} = \cos x + i \operatorname{sen} x$,
donde i es el símbolo habitual para $\sqrt{(-1)}$.

¿Qué sucede si el punto recorre la circunferencia por segunda vez, es decir, si seguimos incrementando la x? Las funciones e^{ix}, cos x y sen x se van repitiendo una y otra vez. A esto se le llama **periodicidad**. La gráfica y = sen x es periódica y tiene este aspecto:

Muchos fenómenos, como la corriente alterna, o las ondas que se propagan en el espacio, como el sonido, se alternan así en el tiempo. Los senos y cosenos son los bloques de base de todas las complejas ondas que transmiten mensajes. Y utilizando con ellos la «exponencial imaginaria» es posible convertir los cálculos voluminosos y tediosos en ejercicios fáciles y pulcros.

Mi fórmula divina facilita mucho las cosas en el mundo de la tecnología y la industria.

GEOMETRÍAS NO EUCLÍDEAS

Euclides dedujo su geometría a partir de unas pocas «nociones comunes» y «postulados» evidentes por sí mismos. Pero uno de éstos, el de las líneas paralelas, se parece más a un teorema. Incomodó a los matemáticos durante siglos, ya que ponía en duda la perfección del sistema de Euclides. Después, se convirtió en la base de un gran salto en la imaginación matemática: la invención de las geometrías no euclídeas.

Varias personas lo lograron. ¡Pero el primero de ellos lo logró sin darse cuenta! Fue el matemático jesuita G. Saccheri, que se determinó a esclarecer la nebulosa de una vez por todas. En su libro *Euclides sin manchas*, de 1733, intentó demostrar que sería imposible hacer geometría sin el postulado de las paralelas.

Yo había demostrado algunos teoremas... Pero eran ridículos y lo dejé correr.

Éste fue el mayor autogol de la historia del pensamiento científico.

No había nada equivocado en sus resultados, y fueron repetidos posteriormente por los inventores reconocidos, ¡que sí sabían lo que tenían entre manos!

Hay muchas maneras de expresar el postulado de las paralelas. Nosotros lo haremos así: dada una línea recta y un punto exterior a ella, existe una y sólo una línea recta que pasa por el punto y es paralela a la primera recta. Si no aceptamos este postulado, pueden existir muchas paralelas o ninguna.

No hay paralelas

Hay muchas paralelas

118

Primero fue descubierto el caso de **muchas** paralelas, casi simultáneamente, por dos matemáticos, el húngaro **Janos Bolyai** (1806-1860) y el ruso **Nikolai Lobachevski** (1792-1856). Más tarde, el alemán **Georg Riemann** (1826-1866) trabajó en el caso de que **no** hubiera paralelas.

Para la geometría de Riemann un buen ejemplo es una esfera, si entendemos «recta» como circunferencia máxima. Una circunferencia máxima es la curva intersección de la superficie de la esfera y un plano que pasa por el centro de la esfera (véase la pág. 84 para la trigonometría esférica). Puesto que dos circunferencias máximas tienen que cortarse dos veces, llegamos a la conclusión de que no existen paralelas.

Lobachevski

Bolyai

Para nuestra geometría, la superficie no es tan fácil de visualizar.

Es como si tuviera forma de trompeta, una curva rotada sobre una línea.

Aquí debemos pensar en una «recta» como el camino más corto entre dos puntos. Y lo que sucede es que hay muchas «paralelas», rectas que nunca cortan la recta dada y que pasan por un punto exterior.

A medida que la gente fue acostumbrándose a las geometrías no euclídeas, se fue debilitando la fe en que las matemáticas nos ofrezcan realidades lógicas e infalibles. Pero pasó tiempo antes de que este revolucionario pensamiento calase hondo.

119

ESPACIOS N-DIMENSIONALES

Otro desarrollo contrario a la intuición fue el estudio de los espacios de más de tres dimensiones. Una extensión del sistema de Descartes de la geometría algebraica a más dimensiones resulta muy sencillo. Así como localizamos un punto en el plano con las coordenadas (x, y), un punto en el «hiperespacio» tendrá coordenadas $(x_1, x_2, x_3, ..., x_n)$. Las propiedades de las curvas en estos hiperespacios serán muy diferentes.

En la época victoriana las cosas eran muy diferentes.

Se escribió una pequeña obra maestra de ficción matemática y crítica social llamada *Planolandia*. Describe una sociedad donde las personas son polígonos que viven en un plano. Igual que los victorianos, están obsesionados con el estatus, que depende del número de lados que tiene una persona. La burguesía tiene cuatro, los aristócratas más, los obreros tres, ¡y las mujeres son como una aguja!

El héroe, «Un Cuadrado», tiene una experiencia en tres dimensiones: gracias a su amistad con una esfera. Este gran acontecimiento se produce cada quinientos años en Planolandia: un círculo que empieza en un punto va creciendo y luego empieza a empequeñecerse hasta desaparecer. Pero una esfera pasando a través de su plano es incomprensible para los planolandios.

El cuadrado y la esfera entablan amistad, y ésta se lo lleva de viaje por el espacio. Le enseña rectalandia y puntolandia, donde viven criaturas satisfechas. El cuadrado piensa que debe cambiar muchas cosas en su mundo. Pero su gente piensa que ha enloquecido.

«¡Oh, días y noches, esto es maravillosamente extraño!»

PLANOLANDIA

UNA NOVELA EN VARIAS DIMENSIONES

Cero Dimensiones
PUNTOLANDIA

Una Dimensión
RECTILANDIA

Dos Dimensiones
PLANOLANDIA

Tres Dimensiones
ESPACIOLANDIA

Con ilustraciones del autor, UN CUADRADO
(EDWIN A. ABBOT (1838-1926)**)**

¡Finalmente me desilusioné del deslumbramiento que me habían producido las dimensiones superiores!

Évariste Galois

A lo largo del siglo xix el álgebra experimentó un gran crecimiento en potencia, generalización y abstracción. Se fue enraizando cada vez más en el **formalismo**. Gradualmente, empezó a aparecer la idea de que el sistema de formalismos podría referirse a cosas que no fueran números y sus operaciones aritméticas.

Un gran paso en este nuevo conocimiento lo realizó el matemático francés **Évariste Galois** (1811-1832), indudablemente una de las figuras más trágicas de la historia de las matemáticas. Fue un ardiente republicano en un período reaccionario. Pudo ser víctima de agentes provocadores, que arreglaron un asunto amoroso entre el desventurado joven y la *fiancée* de un duelista renombrado. Galois murió en el duelo, a los 21 años. En la última noche de su vida, anotó todas sus ideas. El manuscrito casi se perdió, pero fue recuperado y publicado unos quince años más tarde.

Galois atacó un antiguo problema: encontrar una solución en raíces cuadradas para la ecuación general de quinto grado $x^5 + ... = 0$. En su tiempo, se creía que era imposible, pero nadie lo había demostrado.

Esto es lo que yo conseguí hacer y, en el desarrollo de mis argumentos, introduje una nueva idea: el concepto de grupo.

Mantenerse a distancia.

GRUPOS

Los grupos son estructuras matemáticas definidas por elementos y reglas de combinación. Se pueden imaginar como sistemas de aritmética sin números. Sus elementos no necesitan tener ninguna relación con contar o medir, y no son «números» en el sentido normal de la palabra. Galois se dio cuenta de que puede haber secuencias de operaciones que se comportan como si fueran sumas.

Estas secuencias tienen una pocas propiedades que las definen:

1. Para dos elementos cualquiera, existe un tercero que resulta de su combinación, como en: $2 + 2 = 4$

2. Hay un «elemento identidad», que no cambia al elemento con el que se combina, como en: $2 + 0 = 2$

3. Y para cualquier elemento existe un «inverso», y combinado con él resulta la identidad, como en: $2 + (-2) = 0$

Para poner un ejemplo de grupo, aunque sea una versión muy simplificada de lo que hizo Galois, consideraremos un conjunto de cuatro objetos denominados

Éstos no son los elementos del grupo. El grupo consiste en las operaciones de rotación de estos cuatro objetos. Si imaginamos una rotación de un puesto, obtenemos:

de dos puestos:

y de tres:

Si rotamos cuatro puestos, volvemos a estar como al principio, o sea que esta operación es la identidad.

Es como un ciclo.

Podríamos llamar a estos ciclos A, B, C e I. Entonces A + C equivale a un ciclo de 1 + 3 posiciones, lo que da el intercambio de las cuatro posiciones (una vuelta), ¡o la Identidad! Es fácil completar una «tabla de sumas» de este conjunto de cuatro elementos: tres y la identidad.

No son números, pero tienen una aritmética precisa.

	I	A	B	C
I	I	A	B	C
A	A	B	C	I
B	B	C	I	A
C	C	I	A	B

Aunque este ejemplo sea trivial, contiene una idea muy potente: que los matemáticos pueden considerar las propiedades de un sistema de operaciones definido con una «tabla de sumas». No se necesitan ejemplos del sistema, de procesos físicos como el movimiento, u objetos algebraicos como raíces o ecuaciones. La estructura se define a sí misma. Estas estructuras no tienen que ser necesariamente «grupos»; también existe un segundo grupo de combinaciones, definidas con una especie de «tabla de multiplicar».

ÁLGEBRA BOOLEANA

Pronto se empezaron e estudiar otros tipos de operaciones. Uno de los más excitantes fue desarrollado por el matemático británico **George Boole** (1815-1864), gracias al cual se consiguió aplicar métodos matemáticos a entidades no cuantificables, como por ejemplo las proposiciones lógicas.

Modestamente, lo llamé «leyes del pensamiento».

En la forma moderna, es el álgebra de la combinación de conjuntos, o «álgebra booleana».

Tiene las operaciones de «unión» (el conjunto resultado tiene todos los miembros de los otros)...

Me gustaría no perder ninguno de mis miembros, si es posible.

... e «intersección» (el conjunto combinado tiene únicamente los miembros que pertenecen a ambos).

El álgebra booleana entra en juego cuando debemos escoger entre varias opciones. Un ejemplo es cuando hacemos una búsqueda en Internet.

Supongamos que queremos buscar una receta para hacer tortilla de patatas. Entonces tecleamos el texto:

RECETA   TORTILLA   PATATAS

El buscador nos preguntará si queremos páginas con:

Alguna de las palabras   o   **Todas** las palabras

Con la primera opción, obtendremos todas las páginas que contienen «receta», o «tortilla» o «patatas». En un diagrama de Venn, esto es:

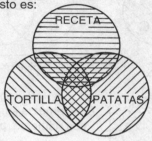

En términos de conjuntos, lo que obtenemos es {receta} + {tortilla} + {patatas}. Habrá un montón de páginas con muchas entradas interesantes, pero totalmente irrelevantes para nuestro objetivo inicial.

Si lo único que nos interesa es «receta tortilla patatas», entonces queremos obtener las páginas que contengan «receta» y «tortilla» y «patatas»:

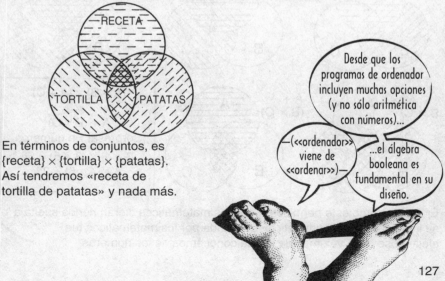

En términos de conjuntos, es {receta} × {tortilla} × {patatas}. Así tendremos «receta de tortilla de patatas» y nada más.

Desde que los programas de ordenador incluyen muchas opciones (y no sólo aritmética con números)...

—(«ordenador» viene de «ordenar»)—

...el álgebra booleana es fundamental en su diseño.

La aritmética del álgebra booleana es sorprendente porque, el contrario que en la aritmética ordinaria, tenemos dos relaciones «distributivas»:
$(A \times B) + (A \times C) = A \times (B + C)$ y también $(A + B) \times (A + C) = A + (B \times C)$
En la aritmética ordinaria es cierta la primera relación, no la segunda.

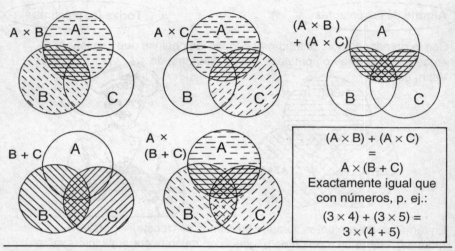

$(A \times B) + (A \times C)$
$=$
$A \times (B + C)$
Exactamente igual que con números, p. ej.:
$(3 \times 4) + (3 \times 5) =$
$3 \times (4 + 5)$

Pero sorprendentemente...

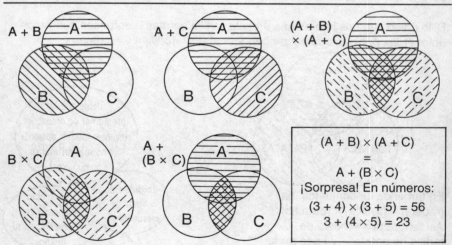

$(A + B) \times (A + C)$
$=$
$A + (B \times C)$
¡Sorpresa! En números:
$(3 + 4) \times (3 + 5) = 56$
$3 + (4 \times 5) = 23$

Ejemplos como éste permitieron que los matemáticos dieran rienda suelta a su imaginación. La «aritmética» estudiada por los matemáticos fue alejándose cada vez más de la que conocemos de los números.

CANTOR Y LOS CONJUNTOS

Mientras unos estudiaban los números, otros se concentraban en el infinito. Los conjuntos que son realmente-infinitos habían sido relegados a la especulación, tanto matemática como mística. El matemático alemán **George Cantor** (1845-1918) realizó un audaz paso para «domesticar» al infinito.

Yo mostré cómo construir varios de estos conjuntos, y logré contarlos.

Proporcionó un esquema para contar los números quebrados, colocándolos en una rejilla como ésta.

1/1	2/1	3/1	4/1	5/1	6/1
1/2	2/2	3/2	4/2	5/2
1/3	2/3	3/3	4/3
1/4	2/4	3/4
1/5	2/5
1/6

¿No podemos ir más despacio?

Aquí tenemos una regla para numerar todas las fracciones. Observe las flechas, empezando en el cuadrado superior izquierdo, y bajando en diagonal hacia la izquierda, desde el 2/1, después el 3/1, y así sucesivamente. Cuando proceda así, compruebe si un número ha sido contado anteriormente (como el 2/4 = 1/2). Omítalo en este caso, e inclúyalo en caso contrario. Reduzca las fracciones a su irreducible, como 2/1 = 2.

¿Sets... tenis...?

No digas tonterías, ¡Intento descubrir las matemáticas!

Entonces obtenemos la secuencia:
1, 2, 1/2, 1/3, 4, 3/2, 2/3, 1/4, 5...

Como se puede ver es lo mismo que si escribimos todas las fracciones (incluyendo los enteros) cuyo numerador y denominador suman 2, después 3, luego 4, etc., y empezamos con el mayor denominador cada vez. Cualquier número entero o fracción tiene que estar en la sucesión antes o después.

De manera similar, todos los números que son solución de una ecuación algebraica, como $\sqrt{2}$ o $\sqrt{-1}$ pueden ser enumerados.

¿Existe una numeración para todos los conjuntos...?

Pero hay números extras, como π y e, y sin duda muchos, muchos más.

Realmente, los estudios de Cantor demostraron precisamente lo contrario de lo que era su intención. Vio que el conjunto de los «números reales», o los puntos de una recta, no podían ser enumerados. Para su demostración, bastan unas pocas líneas, pero debes prestar mucha atención.

Supongamos que tenemos todos los números enumerados, igual que las fracciones y los números algebraicos. Entonces los tendremos en una lista, infinitamente larga como la lista de las fracciones. En esta lista, como en la anterior, los números no aparecen ordenados según su tamaño.

Para simplificar, tomamos sólo los números entre el 0 y el 1, y escribimos sus extensiones decimales:

$N_1 = 0,7166932...$
$N_2 = 0,4225896...$
$N_3 = 0,7796419...$
$N_4 = 0,3228952...$
...

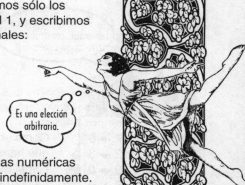

Es una elección arbitraria.

Los puntos al final de cada una de las cadenas numéricas indican que continúan indefinidamente.

Y los puntos después de N_4 indican que la secuencia de números N también continúa indefinidamente.

Entonces, si todos los «números reales» están incluidos en esta lista, cualquier número que construyamos tiene que estar en alguna posición de la lista.

Si no es así, deberemos admitir que no los hemos incluido todos.

¿Cómo podríamos construir un número que no constara en la lista? Supongamos que tenemos uno cuyo primer decimal es distinto al primero del número que tenemos en primer lugar, que tiene el segundo decimal distinto al segundo decimal del número que ocupa la segunda posición, y así sucesivamente. Podemos construir un número así escogiendo un dígito para cada plaza que sea uno más que el dígito del número en la lista.

Para la lista que teníamos, construimos el número...

Primera plaza: 7 → 8
Segunda plaza: 2 → 3
Tercera plaza: 9 → 0
Cuarta plaza: 8 → 9
....

Como se puede observar, los números que hemos escogido podrían ser completamente distintos y no afectarían al argumento.

Entonces tenemos un nuevo número, al que llamaremos «extraño», que para nuestra lista es
E = 0,8309...

Ahora viene la parte importante...

¿Dónde está E en la lista?

No está en la primera posición, ni en la segunda, ni... ¡No está en ningún sitio!

Así, nuestra suposición de poder enumerar todos los números reales es FALSA.

Cantor trabajó en dos niveles distintos de infinito: el infinito numerable (como los números ordinarios) y los puntos de una recta. ¿Cómo podían relacionarse? Posteriormente encontró un método para generar y describir ¡infinitos de orden mayor! Para verlo, usaremos la idea de «subconjunto». Si tenemos un conjunto de tres elementos, a, b y c, sus subconjuntos son los pares ab, ac y bc, los elementos simples a, b y c y (por convención) el conjunto «vacío» (el que no tiene miembros), además del propio conjunto original.

abc	a	b	c	ab	ac	bc	

Contándolos, podemos ver que hay un total de ocho subconjuntos, o 2^3. Este nuevo conjunto se llama el conjunto potencia del original; y si el original tiene N elementos, el conjunto potencia tiene 2^N.

Con esto Cantor fue capaz de generar conjuntos cada vez mayores, simplemente haciendo el conjunto potencia del anterior. Inventó un nuevo símbolo para el «tamaño» de estos conjuntos. Como judío, adoptó la vieja letra hebrea «aleph», o $\aleph$. Así si los conjuntos numerables son del tamaño aleph-cero, o $\aleph_0$, su conjunto potencia es $2^{\aleph_0}$.

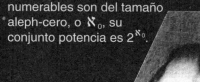

Por otro lado, el conjunto de los números reales en una recta, el primer conjunto numerable, es $\aleph_1$.

Parecería razonable suponer que $2^{\aleph_0}$ es igual a $\aleph_1$, y esta hipótesis tentó a muchos matemáticos de generaciones posteriores.

¿IMPOSIBLE?

Vagar así por los infinitos era excitante, incluso apasionante. ¡Pero el desastre me alcanzó!

Cuando se habla de «conjuntos» no hay nada que impida referirse al «conjunto de todos los conjuntos». Éste tiene que ser el mayor conjunto de todos, y su tamaño será un aleph determinado, llamémosle $\aleph_F$, por lo de final. Pero, como cualquier otro conjunto, tendrá un conjunto potencia, cuyo número de elementos estará definido por

$$2^{\aleph_F}$$

y será mayor que $\aleph_F$. Así, lo que habíamos definido como el conjunto mayor puede generar otros conjuntos mayores; ¡contradicción!

Es como la venganza de todos aquellos niños cuyos profesores se reían cuando preguntaban por el último número.

CRISIS DE LAS MATEMÁTICAS

Las paradojas del infinito descubiertas por Cantor presentaron un nuevo tipo de desafío para los matemáticos. No eran casos en que los objetos matemáticos parecieran desobedecer las leyes de la intuición, como con √-1 o con dx/dt. En este caso eran totalmente contradictorios consigo mismos. Ya que habían sido derivados con argumentos que esencialmente no diferían de los que se utilizaban en las matemáticas convencionales.

La matemática estaba en crisis.

A principios del siglo XX, un grupo de filósofos y matemáticos se propuso resolver esta crisis. Se preguntaban...

¿Están las matemáticas destruyendo sus fundamentos?

RUSSELL Y LA VERDAD MATEMÁTICA

Entre los que querían resolver la crisis estaba **Bertrand Russell** (1872-1970). Su larga carrera incluyó lógica, filosofía, educación progresiva y finalmente desobediencia civil por protestar contra las armas nucleares. Para él, las matemáticas representaban la única verdad genuina, opuesta a las pretensiones de la religión.

Yo (y otros) estudiamos las _paradojas lógicas_ para encontrar lo que estaba equivocado en el análisis de Cantor.

Éstas eran conocidas desde los tiempos de la Grecia clásica. Algunas dependían del uso de «todos», como en el caso del «conjunto de todos los conjuntos».

Otras dependían de las autorreferencias, como en la afirmación...

...«Esta afirmación es falsa».

¡Si la afirmación citada es verdad, su contenido es falso...

... pero si la afirmación es falsa, su contenido es verdad!

Una paradoja famosa se refiere a la definición. Definamos «B» como «el menor entero que no se puede nombrar con menos de veinticinco sílabas». En el sentido ordinario, tendría que ser un número realmente muy grande para necesitar veinticinco sílabas: «siete mil millones de billones» sólo necesita diez.

La paradoja es que esta definición de «B» consta tan sólo de ¡veinticuatro sílabas!

¡Cuéntalas!

¡«B» se puede definir con menos de veinticinco sílabas!

La definición es lo de menos; pero no deja de ser definición, y se contradice a sí misma.

Esta paradoja es muy profunda, ya que no implica autorreferencias ni universalidad. Muestra lo difícil que puede llegar a ser salvaguardar la certeza en las matemáticas al limpiar sus fundamentos lógicos.

Así que la campaña fue finalmente abandonada, incluso por el propio Russell.

Nuestra única salida es prohibir las autorreferencias.

Pero la legislación es tan estrecha de miras que no es fácil de modificar...

... y están surgiendo otros tipos de paradojas.

Una «demostración» debería ser un conjunto de líneas de símbolos, que estaban conectados por reglas de transformación. El trabajo era mostrar que las demostraciones «válidas» podían ser separadas de las demostraciones no válidas, así cualquier afirmación matemática podría ser sólo cierta o falsa.

EL TEOREMA DE GÖDEL

Kurt Gödel (1906 -1978) publicó su teorema en 1931, en respuesta a los tres volúmenes sobre lógica simbólica de **A. N. Whitehead** (1861-1947) y Russell, *Principia Mathematica* (1910-1913).

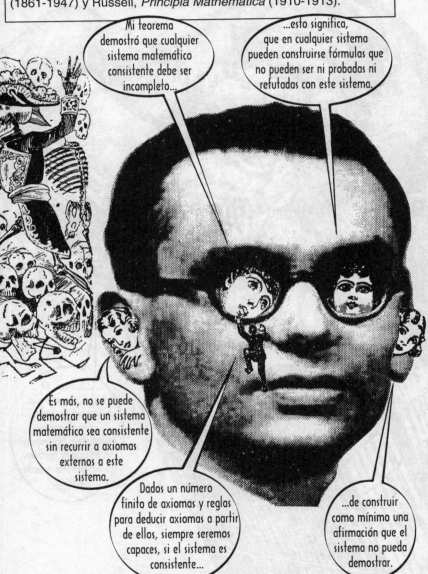

Utilizó los números de un modo distinto. Asignó un número a cada parte de una afirmación matemática, y los combinó para dar un único número a cada afirmación. Y con un argumento heredado de Cantor, produjo un número «monstruo» que representaba una afirmación con auténtico significado, pero que no podía probarse que fuera cierta ni falsa.

El teorema de Gödel puso punto final, de una vez por todas, al sueño de que las matemáticas pudieran ser un edificio de verdades conectadas lógicamente entre sí.

LA MÁQUINA DE TURING

Una forma distinta de poder surgió de la magnífica destrucción llevada a cabo por Gödel. La idea de generar afirmaciones matemáticas de un modo completamente abstracto fue recogida por **Alan Turing** (1912-1954).

En mis manos se convirtió en la especificación de un ordenador que era algo completamente distinto a una calculadora mecánica.

La «máquina de Turing» consistía en una cinta y un programa que respondían a la información de cada sección sucesiva de la cinta, realizando las operaciones más elementales. Dada la tecnología que existía en la década de 1930, esta concepción no llegó a tener un uso práctico. Pero suministró a Turing una versión de los métodos de Gödel, que utilizó en sus pesquisas.

Poco después, las ideas de Turing adquirieron gran importancia práctica, ya que guiaron el desarrollo de ordenadores durante la Segunda Guerra Mundial. Empezaron siendo grandes calculadoras, donde el programa se introducía mediante posiciones de botones e interruptores. El gran logro aconteció cuando el programa se introdujo *en* el ordenador como un archivo especial, el que dirige las operaciones de todos los demás. A partir de ahora no existirán límites para su complejidad o adaptabilidad.

El propio Turing ayudó durante la guerra, ya que era parte del equipo que logró romper el código de la máquina de cifrar alemana «Enigma». Pero murió trágicamente, casi seguramente a resultas de ser perseguido (y procesado) por su homosexualidad. Falleció a causa de la ingestión de cianuro, y a su lado se encontró la manzana envenenada, que tenía un mordisco.

A su manera, la visión de Turing sobre los ordenadores abstractos a la larga resultó ser parcialmente engañosa. En su esquema de operaciones simples, no había sitio para errores de programación, ni necesidad de «depurar». Durante décadas, se supuso que los ordenadores eran infalibles; cualquier fallo se debía a los errores humanos. Tan sólo actualmente, con el descubrimiento del «bug del milenio», nos hemos dado cuenta de que los sistemas abstractos formales de la teoría de los ordenadores y de los programas no son verdades divinas, sino simplemente producciones humanas.

FRACTALES

La potencia de los ordenadores repercutió en las matemáticas. Los gráficos de los ordenadores han conducido a una nueva clase de geometría denominada **fractal**, compuesta de tipos especiales de formas irregulares, pero semejantes, lo que significa que cualquier subsistema de un sistema fractal es equivalente el sistema entero.

Los fractales son construcciones sorprendentemente bellas, altamente complejas y particularmente simples. Son complejas a causa de sus infinitos detalles y sus propiedades matemáticas únicas (dos fractales nunca son iguales). Son simples porque se crean a partir de operaciones particulares muy simples.

Partamos de una ecuación de la forma $x^2 + y$, donde la x es un número complejo que puede variar, y la y es un número complejo fijo. Introducimos los dos números en el ordenador, lo sumamos y con el resultado sustituimos x en la ecuación una y otra vez. (El resultado es espectacular.)

Benoit Mandelbrot (n. en 1924), matemático francés de origen polaco que descubrió los fractales, los describió como una manera de ver el infinito.

Mi nombre se asocia con el famoso fractal de la pág. 143, <<el conjunto de Mandelbrot>>.

Hoy en día, los fractales se utilizan para estudiar fenómenos complejos como las turbulencias, la distribución de los terremotos y la evolución de las ciudades. Y la geometría fractal ha originado la nueva matemática de la teoría del caos.

TEORÍA DEL CAOS

La teoría del caos describe fenómenos que no son aleatorios, sino que se describen mediante ecuaciones diferenciales, pero no pueden ser predichos. Esto ocurre porque cambios muy pequeños en las condiciones iniciales pueden producir grandes cambios en el comportamiento de las soluciones. La clásica caracterización (en realidad exagerada) de sus propiedades dice que...

...el aleteo de una mariposa puede cambiar el curso de una tormenta.

El comportamiento caótico está íntimamente ligado a las propiedades fractales de los sistemas, la similitud de los subsistemas. Cuando cambia la escala de representación, como en las variaciones de los valores en Bolsa, aparece esta propiedad. Esto posibilita el uso de la teoría del caos para el manejo de la cartera de valores.

Quizá la mayor contribución de la teoría del caos a nuestro entendimiento de las matemáticas es que la ignorancia sea respetable.

Ha proporcionado problemas a los matemáticos cuya resolución implica la imposibilidad del conocimiento detallado.

La primera vez que la certeza de las matemáticas se rompió definitivamente, con el descubrimiento de las paradojas del infinito a principios del siglo xx, hubo un sentimiento de «crisis de los fundamentos».

Ahora, todo esto es parte del progreso; y en este sentido refleja el cambio continuo en la percepción de lo que tratan las matemáticas.

La potencia de los ordenadores provoca en las matemáticas la apertura hacia otros caminos más significativos. Los ordenadores han producido demostraciones donde el poder del cerebro humano hubiera sido insuficiente. El caso mas celebrado recientemente lo encontramos en el campo de la topología. La topología estudia las relaciones entre las estructuras, independientemente de sus formas precisas. Puede considerarse como el campo matemático en el que los problemas son de más fácil planteamiento pero de más difícil resolución.

Uno de los retos más importantes en los problemas topológicos es el «teorema de los cuatro colores». Este teorema afirma que cualquier mapa puede colorearse utilizando como máximo cuatro colores. La única regla es que dos países que compartan frontera no pueden ser del mismo color. Sólo hay dos restricciones: cada «país» es una única pieza de tierra conectada, y ningún país tiene una «isla» dentro de otro país (como pasa entre Italia y Suiza cerca de Lugano).

Cualquiera puede experimentarlo con mapas enrevesados de países interconectados, y comprobar que cuatro colores bastan.

Finalmente, se construyó una demostración en 1976.
Pero dependía del estudio detallado de más de cien casos, lo que estaba por encima de las capacidades humanas. Entonces se creó un programa de ordenador para testar los casos especiales uno a uno; y funcionó, obteniendo el resultado deseado.

Pero algunos matemáticos se quejaron porque ¡no podían verificar la demostración! Un programa de ordenador no es más que un conjunto de instrucciones. ¿Podemos estar seguros de que este programa (y todos los demás) ha sido depurado hasta la perfección absoluta? Finalmente se logró un consenso a regañadientes, y hoy la demostración se ha aceptado como «válida».

Teoría de números

Al igual que en la topología, los problemas de la teoría de números son fáciles de describir y muy difíciles de demostrar.

Por ejemplo, hay un «teorema» que afirma que cualquier número par es la suma de dos números primos.

Veamos.

$$4 = 1 + 3,$$
$$6 = 3 + 3,$$
$$8 = 5 + 3,$$
$$16 = 11 + 5$$

Bien, ¡puedes continuar tú!

Demostrar esto para todos los números pares es realmente muy difícil.
Representó un gran reto para los matemáticos durante mucho tiempo. El primer ataque exitoso al problema, conocido como «la conjetura de Goldbach», mostró que ¡no se necesitan más de 400.000 primos!

He rodeado a todos los primos sospechosos, Mr. Holmes.

Muéstremelos uno a uno, agente.

El teorema más famoso de la teoría de números es el del matemático francés **Pierre de Fermat** (1601-1665).

Este teorema surge de mi reflexión sobre una de las más antiguas relaciones matemáticas, el <<teorema de Pitágoras>>, que afirma que existen infinitas soluciones de la ecuación...

$$a^2 + b^2 = c^2,$$

donde a, b y c son enteros. La construcción de este tipo de tripletes de números se ha conocido durante siglos.

Hemos visto que los matemáticos musulmanes habían estudiado esta relación para potencias superiores. Algunos incluso habían intentado demostrar la imposibilidad de encontrar un ejemplo de números que satisficieran:

$$x^3 + y^3 = z^3$$

Pero Pierre Fermat pensó que lo había conseguido, que había demostrado que

$$x^n + y^n = z^n$$

no tenía soluciones enteras para n mayor que 2.

Había escrito a un amigo que tenía una elegante y breve demostración para el teorema, ¡pero no le cabía en el margen de la carta! Así empezó algo que duró tres siglos y no finalizó hasta hace muy poco. La demostración la consiguió el matemático inglés *Andrew Wiles* (n. 1953), profesor de la Universidad de Princeton.

La demostración implica matemática profundamente abstrusa y ocupa miles de líneas, con centenares de cálculos y enlaces lógicos.

¡Todo esto sirve para demostrar que la mente humana puede lograr objetivos que son inaccesibles para los ordenadores!

La teoría de números ha sido una de las ramas menos aplicadas de las matemáticas. Pero con el progreso en los distintos campos, éstos interactúan de modo inesperado.

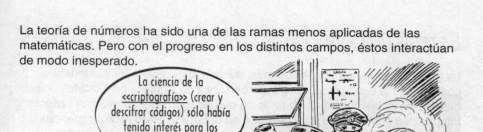

La ciencia de la <<criptografía>> (crear y descifrar códigos) sólo había tenido interés para los militares y los espías.

Pero de repente se ha convertido en una ciencia de importancia comercial, tecnológica y política, ya que la seguridad de los mensajes enviados por Internet depende exclusivamente de la dificultad de descifrar sus códigos.

¡Tenemos que hacer algo!

La mejor manera de crear un código es utilizar números muy grandes, cuya composición no pueda calcularse fácilmente. Para definir estos números y diseñar caminos para construirlos y deconstruirlos, se necesitan la teoría de números y la de grupos. Así el más abstracto de los campos matemáticos ha encontrado su rincón práctico. Desde que los gobiernos se preocupan por su habilidad para interceptar y descifrar mensajes que pueden provenir de criminales o terroristas, el problema se ha convertido en altamente político.

ESTADÍSTICA

La rama de las matemáticas que más afecta a las vidas de los ciudadanos comunes es la estadística. El término en sí mismo significa arte estatal, como cuando los gobiernos se dan cuenta de que podrían hacerlo mejor si tuvieran información sobre lo que está pasando en el Estado. Pero recoger grandes cantidades de números no es suficiente; deben ser reunidos, analizados y resumidos para que sean útiles.

En este trabajo se utilizan las distintas medidas estadísticas, como el «promedio», o cantidad media. Pero cualquier número sólo es el representante de una colección; y aunque nos clarifique el panorama en algún aspecto, no podemos olvidar que es posible que nos oscurezca otros.

Para mostrar cómo funciona la estadística, tomemos el ejemplo de una aldea donde viven:

cien campesinos que ahorran unos míseros 100 euros al año,

diez granjeros que ahorran cómodamente 1.000 euros al año,

y un terrateniente que puede ahorrar unos 10.000 euros al año.

El promedio que obtenemos ¡es casi tres veces lo que ahorra la mayoría de la gente!

El valor total de lo ahorrado es 30.000 euros, que dividido por las 111 familias da la modesta cantidad de 270 euros al año.

También podemos calcular la «mediana» (la cantidad que sólo sobrepasa el 50% de la población), o la «moda» (la cantidad del porcentaje mayor de la población). En ambos casos serían 100 euros, lo que ignora a los más afortunados. Para una idea mejor de la distribución de la riqueza, calculamos los «percentiles» (por ej., los niveles del 10% y del 90% de la población).

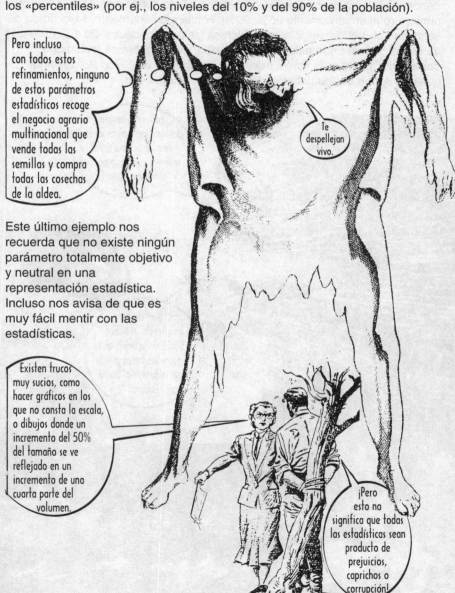

Pero incluso con todos estos refinamientos, ninguno de estos parámetros estadísticos recoge el negocio agrario multinacional que vende todas las semillas y compra todas las cosechas de la aldea.

Te despellejan vivo.

Este último ejemplo nos recuerda que no existe ningún parámetro totalmente objetivo y neutral en una representación estadística. Incluso nos avisa de que es muy fácil mentir con las estadísticas.

Existen trucos muy sucios, como hacer gráficos en los que no consta la escala, o dibujos donde un incremento del 50% del tamaño se ve reflejado en un incremento de una cuarta parte del volumen.

¡Pero esto no significa que todas las estadísticas sean producto de prejuicios, caprichos o corrupción!

P-VALORES Y OUTLIERS

En todos los tests estadísticos de significancia, hay un número que se denomina «límite de confianza» o «p-valor». Éste puede ser el 5%, 1% u otro número (o alternativamente 95%, 99%). Hablando llanamente, es el grado de seguridad al cual converge el test. Expresa las probabilidades (20 a 1 o 100 a 1) de que el test dé un resultado positivo falso. ¡Ningún test da resultados perfectos! Cuanto más fiable, más caro resultará el test. Son sus usuarios quienes deben decidir sobre el riesgo que pueden correr.

Existe la otra cara de estos p-valores, que son los encargados de designar el límite de las posibilidades de los falsos-positivos. Un p-valor más riguroso implica que el test sea más «selectivo», pero también más «sensible». Si estamos estudiando la toxicidad de algún contaminante ambiental, nuestro p-valor del 95% nos protegerá de falsas alarmas, pero nos puede hacer vulnerables a falsas satisfacciones. Así, un test de significancia estadística «objetivo» conlleva implícitamente una «carga subjetiva»: ¿la sustancia juzgada es segura y se ha examinado rigurosamente o existirá un «aviso previo de alarma» que deberá estudiarse antes de ser admitido como válido? En cada caso, debería definirse un «principio de precaución». La cuestión ineludible es en cuál de los comportamientos se aplica la precaución.

Incluso en el uso más simple de la estadística, como en la representación de datos experimentales, el juicio de los valores es inevitable. No todos los datos encajan exactamente en la curva dibujada sobre los puntos; incluso, si se adaptan perfectamente puede ser un indicio de que han sido fabricados. Y algún punto de los datos puede quedar muy lejos de donde se supone que debería estar. A estos puntos los llamamos *outliers*. Si son incluidos en el cálculo, pueden causar una falsa tendencia. Pero rechazarlos y considerarlos un error puede causar la pérdida de información valiosa, incluso crucial.

La primera evidencia sobre el «agujero de ozono» sobre la Antártida fue descartada durante muchos años. Posteriormente se descubrió que había sido rechazada a causa de que el programa estadístico de los ordenadores desestimaba los datos por ser *outliers*.

PROBABILIDAD

Las técnicas para procesar datos estadísticos se basan en la teoría de la probabilidad, que incluye tres conceptos que frecuentemente se confunden entre sí.

Primero encontramos la probabilidad «geométrica» basada en las simetrías, y decimos que la probabilidad de sacar un 7 al tirar dos dados es 1/6.

(Existen seis formas distintas de obtener un 7, sobre un total de treinta y seis posibilidades.)

En segundo lugar tenemos la probabilidad «empírica», como la que tiene una persona de vivir más de 75 años, que se basa en las estadísticas recogidas en el pasado.

Y finalmente existen los «juicios» de probabilidad, como las probabilidades de que un caballo gane una carrera.

Aunque sean a menudo distintos, los tres conceptos se utilizan a menudo sin ningún tipo de distinción. Por ello las conclusiones suelen tener algunos errores.

Una chica le dice a su amiga:

Esta moneda está trucada: ¡cada vez que la tiro sale cara!

¿Cuántas veces la has tirado?

Una.

Oh, es ridículo. Una única prueba dará «todos» los resultados iguales.

La tiran otra vez, y vuelve a salir cara.

¿Lo ves?

Es tan sólo una coincidencia. Esto siempre puede ocurrir. Tienes que tirarla muchas más veces.

¡De acuerdo! ¿Cuántas veces he de obtener cara para decir que está trucada?

De repente, la amiga se queda perpleja. Sabe que en una moneda no trucada las caras y las cruces tiene las mismas probabilidades geométricas. Entonces, al tirar la moneda «muchas veces», la moneda no trucada tiende a mostrar igual número de caras que de cruces. Esto puede confirmarse empíricamente. ¡Pero hacer un juicio sobre si una moneda está trucada o no a partir de estos dos conceptos generales es otra historia!

157

Juzgar si una moneda está o no trucada requiere la teoría matemática de la probabilidad y la estadística. El diseño experimental tendrá que incorporar a la larga asunciones sobre el comportamiento de la moneda, además de la evaluación de los costes de error y un conjunto de límites de confianza para el juicio final. Tirar una moneda nos ha conducido a algunas cuestiones muy serias. Tenemos una simple afirmación de probabilidades («Las caras y las cruces tienen la misma probabilidad en una moneda que no esté trucada») y la forma inversa («¿La moneda está trucada?»), que implica decisiones determinadas por la ciencia estadística.

Cuando los argumentos estadísticos se ven enmarañados por la casualidad, los errores aparecen por todas partes. Ésta es la historia de un hombre que nunca había volado...

No quiero la probabilidad de que mi vuelo sea el uno-en-un-millón en el que un terrorista hace explotar una bomba durante el vuelo.

Un estadístico me dijo que la probabilidad de que dos bombas se encuentren en el mismo avión es de una en un millón...

Pero ahora eres un pasajero satisfecho. ¿Por qué?

... ¡así que yo llevo una primera!

¡Por Dios!

ASÍ ES COMO TERMINA MI HISTORIA.

Tu error ha sido no ver que llevar tu propia bomba no tiene efecto sobre las intenciones de los posibles terroristas. La probabilidad de que exista una segunda bomba en el avión, condicionada por la existencia de la primera, es la misma —una en un millón— que antes.

Incertidumbre

Los que proporcionan números, para los políticos o para el público en general, se enfrentan a un cruel dilema. Si dan explicaciones sobre la incertidumbre, los resultados pueden ser incomprensibles. Pero si simplifican y ofrecen un «número mágico» que define la seguridad, pueden ser acusados de distorsionar la realidad.

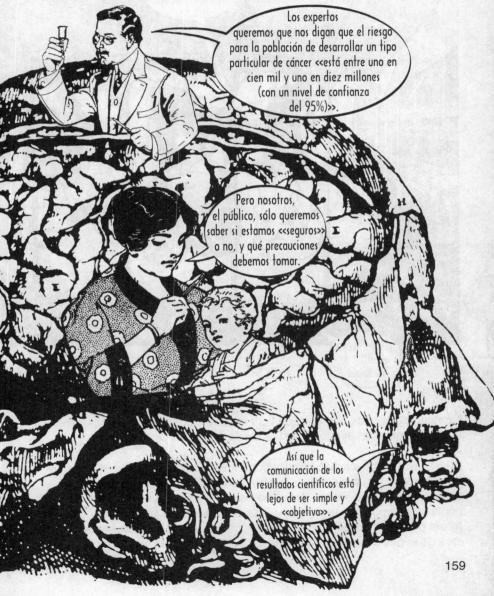

El gran desafío para los matemáticos en el frente social es el manejo de la inseguridad. Durante largo tiempo hemos creído que el progreso de la ciencia natural podría barrer la ignorancia y desterrar la incertidumbre, y que lo que quedara podría ser dominado por la teoría de la probabilidad.

La incertidumbre ha conquistado las matemáticas desde sus fundamentos, y la encontramos en el núcleo de la «teoría cuántica» de la física.

Ahora nos vemos forzados a confrontar los efectos de nuestra civilización industrial con nuestro entorno complejo e impredecible. La inseguridad emerge del «nunca antes». No debe sorprendernos que los nuevos y populares campos de las matemáticas se denominen «catástrofe» y «caos». Ahora podemos considerar si deberíamos incluir la incertidumbre en nuestra idea de lo que tratan las matemáticas.

160

NÚMEROS POLÍTICOS

Nuestra comprensión de los números como herramientas para contar y calcular no siempre es apropiada para los números que se utilizan en la política. Estos usos requieren concepciones y habilidades diferentes. A causa de nuestra tradición de considerar que las matemáticas son precisas y exactas, tendemos a no notar que la incertidumbre es una parte integral de los números políticos. La precisión excesiva en la información numérica de los medios de comunicación y los medios oficiales envuelve la incertidumbre en el misterio. Después de todo, si expresamos una cantidad en dos dígitos, 47, por ejemplo, significa que es distinta de 46 y de 48, o que se diferencia de ellas en aproximadamente un 2%.

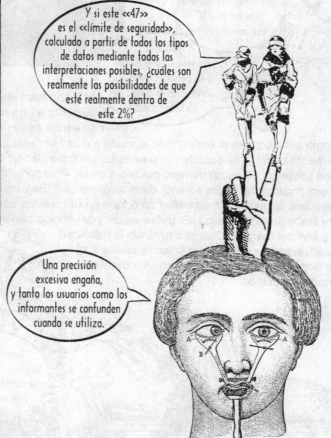

Y si este «47» es el «límite de seguridad», calculado a partir de todos los tipos de datos mediante todas las interpretaciones posibles, ¿cuáles son realmente las posibilidades de que esté realmente dentro de este 2%?

¡Esto es obra del diablo!

Una precisión excesiva engaña, y tanto los usuarios como los informantes se confunden cuando se utiliza.

El significado de los números en la política depende de su contexto. Hay una conversación en la Biblia de sorprendente sofistificación. En Génesis 18, Abraham y el Señor se encuentran frente a Sodoma y Gomorra. El Señor dice...

Destruiré completamente estas dos ciudades a causa de su corrupción.

Te ruego, Señor, que perdones a las ciudades si podemos encontrar a 50 personas honradas.

Poco después Abraham dice...

Señor, si tan sólo encontrásemos a 45 personas honradas, ¿destruirías la ciudad por no haber 5 más?

Así, Abraham eleva el argumento a otro nivel. En este caso no se trata tanto de **política** (perdonar las ciudades si encuentran algunas almas honradas), como de **implementación** (¿qué sucede si estamos un poco por debajo de la cuota?). En este contexto, 50 es un número político, con un «margen» implícito. Abraham argumentaba que 45 está dentro del margen. Seguro que el Señor no destruiría la ciudad por un déficit de 5, que en el contexto se encontraba bajo el límite de significancia. El Señor se dio por vencido con esta estimación del margen. Quizás intuyendo la habilidad de su adversario, permitió que la cuota bajara a 10 almas bondadosas. Prudentemente, Abraham no continuó negociando.

Pero Abraham sólo pudo localizar la familia de Lot, que contaba con 4 personas, y las ciudades fueron destruidas.

La historia de «salvemos Sodoma» nos muestra que los números pueden tener distintos significados en un argumento. El «50» se refiere a una estimación, y el «5», o el «45», a su margen. La diferencia entre 45 y 50 depende del contexto. Algunas veces la diferencia es significativa y otras no. Aunque el ejemplo es sobre lo que nosotros ahora denominaríamos un número político, en lo que se refiere al contexto incluye todas las estimaciones y medidas.

El mismo tipo de fenómenos puede verse en «la paradoja de la copia de llaves». De una llave que abre un candado se hacen copias y copias. Al principio, la copia es «exacta» (con los pequeños defectos permitidos de la máquina), pero después de las copias sucesivas la nueva llave no puede abrir el candado. Esto es a causa de los errores permitidos que la máquina de copiar llaves ha ido acumulando, hasta que una copia excede el límite de tolerancia y no es aceptada por el candado. Para esta dimensión crucial tenemos, en términos de medidas: A = B = C = ... = K. Pero A no es igual que K. En términos de la aritmética ordinaria, es imposible. Pero este ejemplo nos muestra que los números en las estimaciones y medidas sólo tienen sentido en contextos específicos, y no significan lo mismo que cuando los utilizamos para contar.

Matemáticas y eurocentrismo

Los matemáticos europeos han desempeñado un rol considerable en la conciencia de Europa, en la percepción europea de que Europa es la mayor de las culturas, la única cultura mundial verdadera. A los que ven las matemáticas como una verdad absolutamente universal les cuesta admitir que éstas y el imperialismo han ido de la mano. Pero las matemáticas se han utilizado como un potente instrumento para «demostrar» la «inferioridad» de las culturas no occidentales.

Europa ha utilizado tres tácticas para propagar el eurocentrismo en las matemáticas.

1. Se apropió de las contribuciones de las culturas no occidentales, al mismo tiempo que las hacía invisibles. Había un vacío total antes del «milagro griego», y no existió absolutamente nada entre ellos y el «renacimiento europeo» del siglo XVI. Esta es la clásica visión eurocéntrica.

Grecia → Período oscuro → Descubrimiento del saber griego → Renacimiento → Europa y sus dependencias culturales

2. Europa definió un cierto tipo de matemáticas, y declaró gran parte de la contribución de otras civilizaciones como «matemáticas no verdaderas». Las tradiciones matemáticas no europeas fueron descritas como completamente empíricas y sólo para resolver problemas prácticos: no eran matemáticas auténticas, especulativas.

Pero los árabes fueron capaces de preservar la verdadera herencia griega de la matemática especulativa y legarla a sus verdaderos herederos, los matemáticos europeos del Renacimiento.

Ésta es la teoría de la «cinta transportadora» del eurocentrismo.

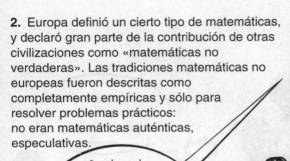

```
          ┌─ Egipto ─┐
Grecia ──┤           ├── Mundo ──── Períodos ──── Renacimiento ──── Europa y sus
          └─ Mesopotamia ─┘  helenístico   oscuros                      dependencias
                                        Pero los árabes                 culturales
                                        conservaron el
                                        saber griego
```

3. Se legitimó el relato «tradicional» del desarrollo de las matemáticas como un producto netamente europeo, y se institucionalizó en la educación matemática.

Incluso hoy en día se enseñan las matemáticas en todo el mundo en términos de la ideología del imperialismo.

La experiencia imperial ha preparado a los estudiantes para considerar absolutamente imposible que los no europeos fueran capaces de producir conocimiento matemático. Se ha adoptado el mito de que las matemáticas fueron un regalo civilizado que Europa ofreció a las colonias, una chispa de Prometeo que capacitaría a los nativos para penetrar en los secretos de la ciencia y la tecnología del mundo moderno.

George Gheverghese, Joseph, historiador británico-asiático de las matemáticas.

ETNOMATEMÁTICAS

Después de mucho tiempo, las «etnomatemáticas» se estudian, fomentan y se enseñan.

Las «etnomatemáticas» traen a la escena académica «otras» matemáticas, que normalmente no son mencionadas en la escuela o la universidad.

Se intenta establecer una estrecha relación entre las matemáticas, la cultura y la sociedad, que nos recuerda que las «matemáticas» incluyen algo más que los estudios teóricos de la tradición platónica y del currículo académico que se deriva de ellos. Podemos darnos cuenta de la gran cantidad de variedad, ingenuidad y creatividad que se encuentra en la forma en que diferentes personas alcanzan y dan sentido a sus tareas matemáticas.

«Etno» significa pueblo, y las «etnomatemáticas» son las matemáticas de las personas excluidas del conocimiento y de la producción cultural.

Incluye las tradiciones matemáticas de las civilizaciones no occidentales como China, India y el islam...

...así como las matemáticas «vernáculas» de las antiguas tradiciones culturales y las «matemáticas de la calle» de los campesinos ambulantes de Brasil...

...las «matemáticas folk» de los indígenas latinoamericanos...

...las técnicas de los niveles de alfombras de América...

...incluso el tricotar de las mujeres europeas implica un álgebra.

Las prácticas etnomatemáticas no incluyen sólo sistemas formales simbólicos, sino también diseño espacial, técnicas prácticas de construcción, métodos de cálculo, medidas del tiempo y del espacio, maneras específicas de razonamiento y deducción, y otras actividades.

¿Y dónde están las mujeres en todo esto?

Gira la página.

167

MATEMÁTICAS Y GÉNERO

Es desafortunado pero cierto que nuestra herencia matemática fue creada principalmente por «hombres blancos muertos».

Las pocas mujeres que en el pasado tuvieron la oportunidad de distinguirse en las matemáticas no son más que una curiosidad. Una de ellas, la matemática francesa **Sophie Germain** (1776-1831), se hizo pasar por hombre en su correspondencia con el matemático alemán **Karl Friedrich Gauss** (1777-1855).

Mi secreto fue descubierto cuando el ejército de Napoleón capturó su ciudad, Gotinga, y yo utilicé mi influencia para mantener su seguridad.

Cuando el comandante francés me presentó los respetos de la señorita Germain, me quedé atónito; siempre había creído que mi colega de París era un hombre.

Los psicólogos han sugerido varias causas para la tradicional «inferioridad» femenina en las matemáticas.

Pero ahora que, en conjunto, las chicas son mejores que los chicos en matemáticas, se ha visto que no es más que un problema social que requiere una solución urgente.

168

¿Adónde nos dirigimos?

Durante más de un milenio, la cultura occidental se ha visto dominada por la visión platónica de las matemáticas.

Esta visión es la de un conocimiento liberado de la práctica que alcanza la Verdad y que se encuentra libre de contradicciones.

Las discrepancias entre esta visión y la realidad se han ocultado constantemente.

Los filósofos, profesores, y divulgadores han contribuido por igual a la reafirmación de esta visión platónica. La ciencia se ha imaginado como una aplicación formal de las verdades matemáticas. Como parte de esta imagen, las contribuciones de matemáticos de culturas no occidentales han sido ignoradas o distorsionadas.

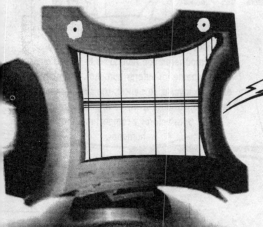

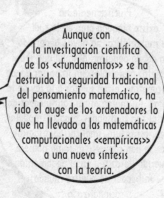

Aunque con la investigación científica de los «fundamentos» se ha destruido la seguridad tradicional del pensamiento matemático, ha sido el auge de los ordenadores lo que ha llevado a las matemáticas computacionales «empíricas» a una nueva síntesis con la teoría.

A pesar de la alfabetización alcanzada por la sociedad industrial, el conocimiento efectivo de las matemáticas aún pertenece a una élite cultural.

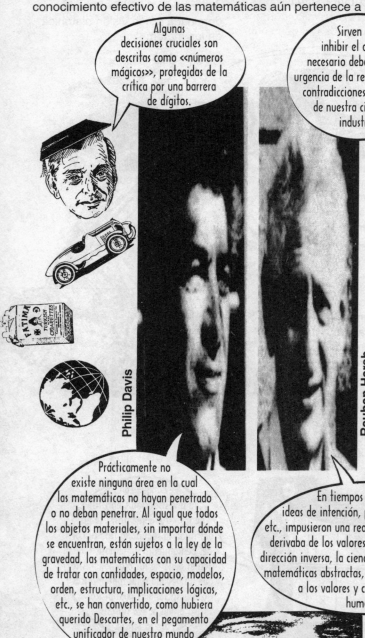

Algunas decisiones cruciales son descritas como «números mágicos», protegidas de la crítica por una barrera de dígitos.

Sirven para inhibir el amplio y necesario debate sobre la urgencia de la resolución de las contradicciones destructivas de nuestra civilización industrial.

Philip Davis

Reuben Hersh

Prácticamente no existe ninguna área en la cual las matemáticas no hayan penetrado o no deban penetrar. Al igual que todos los objetos materiales, sin importar dónde se encuentran, están sujetos a la ley de la gravedad, las matemáticas con su capacidad de tratar con cantidades, espacio, modelos, orden, estructura, implicaciones lógicas, etc., se han convertido, como hubiera querido Descartes, en el pegamento unificador de nuestro mundo racionalizado.

En tiempos pasados, las ideas de intención, propósito, armonías, etc., impusieron una realidad a la ciencia que se derivaba de los valores humanos. Ahora, en la dirección inversa, la ciencia, con sus formulaciones matemáticas abstractas, ha impuesto su realidad a los valores y comportamientos humanos.

170

En estas circunstancias, es esencial para todos nosotros conocer y apreciar el fracaso de las matemáticas (y de toda la ciencia) en la eliminación de la incertidumbre del mundo práctico que nos rodea. Es necesario que volvamos a pensar sobre el conocimiento genuino y su consecución.

Las matemáticas, por tanto, afrontan nuevos retos. Y el ciudadano tiene un rol ante ellos. En palabras de Berkeley...

...debemos utilizar nuestro conocimiento, sin ninguna deferencia al mejor de los matemáticos...

...para resolver nuestros problemas comunes.

Concebir nuevas maneras de vivir y saber, implicando a todas las culturas y personas, requerirá que juntos innovemos nuestras prácticas sociales y científicas.

Entonces, las matemáticas, finalmente liberadas de la imagen platónica y eurocéntrica, tendrán un nuevo papel, con una nueva historia del progreso, nueva potencia ¡y seguro que nuevas paradojas!

PARA LEER MÁS

Los libros que popularizan las matemáticas parece que se han incrementado exponencialmente, pero algunas veces no es posible encontrar un buen texto entre la plétora de títulos ofertados. Así, para una visión «humanista» de su historia, filosofía y práctica, consulte el libro de P. J. Davis y R. Hersh, *Mathematical Experience and Descartes' Dream* (Brighton, Harvester, 1981, 1986); para un informe monumental, *Mathematics in Western Thought* (Londres, Penguin, 1972) de M. Kiline, quien también proporciona la primera exposición sistemática de los conflictos reprimidos sobre los fundamentos de las matemáticas en *Mathematics: The Loss of Certainty* (Oxford y Nueva York, Oxford University Press, 1980); y en sus numerosos libros, Ian Stewart desenmaraña la complejidad de las matemáticas y las hace un poquito más atractivas: empiece por *Problems of Mathematics* (Oxford y Nueva York, Oxford University Press, 1987) y siga con *El Laberinto mágico* (Barcelona, Crítica, 2001).

En *La cresta del pavo real* (Madrid, Pirámide, 1990), George G. Joseph nos revela «las raíces de las matemáticas no europeas»; Donald Hill nos ofrece un informe muy legible de las matemáticas islámicas en *Islamic Science and Engineering* (Edimburgo, Edinburgh University Press, 1993); M. Ascher da una «visión multicultural de las ideas matemáticas» en *Ethnomathematics* (Pacific Grove, Brooks/Cole Publishing, 1990); M. P. Closs (comp.) lanza un poco de luz en *Native American Mathematics* (Austin, University of Texas Press, 1986); y Claudia Zaslavsky realiza un esfuerzo pluralista en *Fear of Maths* (New Jersey, Rutgers, 1994).

Simon Singh realiza un trabajo fascinante en *Fermat's Last Theorem* (Londres, Fourth Estate, 1997); en *The Number Sense* (Londres, Allen Lane, 1997), S. Dehaene explora la aproximación neuropsicológica al pensamiento matemático; David Berlinski transporta al lector en *A Tour of the Calculus* (Londres, Mandarin, 1996); Ziauddin Sardar e Iwona Abrams ofrecen una ingeniosa guía en *Introducing Chaos* (Cambridge, Icon Books, 1998) (de próxima publicación en Paidós); y *Uncertainty and Quality in Science for Policy* de S. O. Funtowicz y J. R. Ravetz (Dordrecht, Kluwer, 1990) es una mirada pionera a los números políticos. Finalmente, *Matemática curiosa* de Peter Higgins (Barcelona, Almon, 1999) satisfará completamente su curiosidad.

Los autores

Ziauddin Sardar erró los cálculos y empezó su carrera como físico, pero cambió y fue periodista científico y reportero televisivo antes de convertirse en escritor y crítico cultural. Pensador de renombre internacional, sus numerosas publicaciones incluyen *Barbaric Others, Postmodernism and the Other* y *Cyberfutures*, que coeditó con Jerry Ravetz. También ha escrito introducciones al islam, los estudios culturales y el caos en la serie *Para todos*.

Jerry Ravetz es un «filósofo a lo grande» de gran distinción. Doctor por Cambridge en matemáticas, pertenece a la prestigiosa Liga para la Consecución de un Conocimiento Público de las Matemáticas, y escribió el ya clásico estudio *Scientific Knowledge and its Social Problems*. Profesor de historia y filosofía de la ciencia en la Universidad de Leeds, ha sido pionero en el estudio de la incertidumbre y de los números políticos en los campos social y científico.

El ilustrador

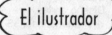

Borin Van Loon. Ésta es otra de sus colaboraciones en la serie de libros *Para todos*. Las anteriores son *Genética* de Steve Jones, *Estudios culturales* de Zia Sardar, para no mencionar (a pesar de que voy a hacerlo) *Sociología*. Es autor, ilustrador y pintor surrealista, y tiene un *collage* mural en el Museo de la Ciencia de Londres, y tiras cómicas inspiradas en la técnica del «monólogo inconsciente» (que abarcan todo lo imaginable desde las realidades múltiples de la teoría cuántica al sexo de los ángeles) surgidas de sus oídos receptivos y aristocráticos.

Índice

Ábaco, 39, 62
Adivinación, 22
Aleph, 133, 134
Alfabeto fenicio, 20
Álgebra, 62, 71, 73, 77-
    81, 91
    booleana, 126-128
    infinitesimal, 101
Algoritmo, 78
Análisis:
    de combinatoria, 80
    indeterminado, 65
Antigua China, 17-18
Antigua Grecia, 20
Antiguo Egipto, 15
Aquiles, 57
Aritmética, 12
Arquímedes, 61
Aztecas, 13

Babbage, Charles, 41
Babilonios, 16
Base:
    binaria, 2
    decimal, 17, 37 12, 10
    numérica, 9-12, 16, 17,
        37, 100
    sexagesimal, 16, 20,
        11
Battani, al-, 83
Berkeley, George, 111-
    113
Bhaskara II, 73
Billón, 31-3
Bolyai, Janos, 119
Brahmagupta, 71
Brahmi, 19

Cálculo, 39-41
    infinitesimal, 70, 73,
        101-110
    integral, 70
Calendario, 25
Cantor, George, 129
Cero, 24-26, 36, 103
Certeza, 154

Chia Hsien, 67
Chin Chiu Shao, 65
Chiu Chang, 64
Chu Shih Chieh, 66
Círculo máximo, 84
Código, véase
    Criptografía
Conjetura de Goldbach,
    149
Constantes, 42, 94, 96
Contar, 7
Copérnico, Nicolás, 86
Coseno, 82, 99,117
Cotangente, 83
Criptografía, 151
Cuadrados mágicos, 63
Cuadratura del círculo, 29
Cúbito, 48
Curvas, propiedades de
    las, 105

Davis, Philip, 170
Demostraciones, 138-
    140
Derivación, 101-104
    gráficas de, 106
Derivadas, 103-104
Descartes, René, 91
Deslumbrante, Lo, 36
Diagrama de Venn, 128
Diderot, Denis, 114
Dimensiones, 120-121
Diofanto, 87
Diseño en las
    matemáticas, 53

Ecuaciones, 42-47, 62,
    69, 78
    cuadráticas, 44-45, 78
    y los chinos, 62
    cúbicas, 45
    de cuarto grado, 45
    de quinto grado, 46
    lineales, 44-45
Egipcios, véase Antiguo
    Egipto

Elementos, Los, 59
Elipse, 94
En defensa del
    librepensamiento en
    las matemáticas, 112
Enteros, 28, 87, 150
Esfera, volumen de, 70
Estadística, 152-63
Etnomatemáticas, 166-
    167
Euclides, 59-61
Euler, Leonhard, 114
Expresión trascendente,
    115-116

Fermat, Pierre de, 150
Filosofía, 58
Formalismo, 122
Fórmula de Euler, 115-
    117
Fracciones, 28, 129-130
Funciones, 117
    asimétricas, 99
    constantes, 99
    de área, 107
    de distancia, 105
    derivación de, 102
    exponenciales, 37, 99,
        100
    logarítmicas, 100
    periódicas, 99, 117
    polinómicas, 98
    potencia, 99
    raíz, 98
    simétricas, 99
    trigonométricas, 99
    fórmula de Euler,
        117

Galois, Évariste, 122-125
Gematría, 22
Género y matemáticas,
    168
Geometría, 59, 118
    analítica, 93, 96, 102
    coordenada, 93

de los altares, 69
esférica, 84
fractal, 143-144
no euclidiana, 118
plana, 93
védica, 69-70, 73
Véase también
Euclides
Germain, Sophie, 168
Gödel, Kurt, 138-140
Gráficas de derivación,
106
Gráficos, 143
Grandes números, 31-36,
69, 72
Grupos, 123-5
Gwailor, 19

Hardy, G. H., 76
Hersh, Reuben, 170
Hipérbola, 46, 95
Hipotenusa, 29, 82

Identidad, 43
Incertidumbre, 159-160
Indios, 69-70
Infinito, 129, 133, 134-7
Integración, 105
Intersección, 125
Invención del 0 de los
indios, 24

Jeroglíficos, 15
Joseph, George G., 165

Karaji, al-, 80
Kashi, al-, 81
Kharosthi, 19
khayyam, Omar al-, 81
Khuwarazmi, Muhammad
al-, 78
Kuhn, T. S., 113

Leibniz, G. W. von, 40,
101, 108
Lengua de los indios de
Dakota, 8
Límite de confianza,
véase P-valor

Liu Hui, 63
Lobachevski, Nikolai, 119
Logaritmos, 37-38, 85

Mahaviracharya, 72
Mandelbrot, Benoit, 144
Máquina:
analítica, 41
de restar, 41
de sumar, 40
Margen de error, 51
Matemáticas:
chinas, 62-67. *Véase*
también Antigua
China
crisis de las, 135
de Jain 72-73
diseño en las, 53
efecto de las, 169-170
eurocentrismo de las,
164-165
europeas, 88-92, 164-
165
futuro de las, 169-171
género y, 168
griegas, 54-61. *Véase*
también Antigua
Grecia
indias, 68-76. *Véase*
también Indios
islámicas 77-87, 150
miedo a las, 6
por qué necesitamos
las, 4-5
Media, 152-153
Medición, 48-53
Medida del tiempo, 49
Medidas imperiales, 50
Método de exhaustión, 63
Monumentos y medidas,
52
Mujeres y matemáticas,
168
Música, 55
Musulmanes, 23. *Véase*
también Matemáticas,
islámicas

Napier, John, 38

Navegación, 89
Newton, Isaac, 101, 108
Nociones comunes, 60
Numeración árabe, 23
Numerales romanos, 21
Numerología, 22
Números:
al cuadrado, *véase*
Potencias
al cubo, *véase*
Potencias
algebraicos (sordos),
29, 62
complejos, 30
en la política, 161-163
escritos, 13-23
especiales, 27
grandes, 31-36, 69, 72
imaginarios, 30, 92
irracionales, 29, 62, 90
negativos, 28, 62, 79,
90
nombrados, 8
perfectos, 27
pictogramas de, 8, 13,
15
primos, 27
racionales, 28
teoría de, 85, 149
trascendentes, 29
Véase también Base,
numérica

Ordenadores, 41, 141-
148, 169

Parábola, 94, 96
Paradojas, 57-58, 135-
137
del movimiento, 57-58
Parámetros, 42
Pascal, Blaise, 40
Pi, 29, 61, 63
Pictogramas, 8, 13, 15
Pitágoras, 55
teorema de, 61, 150
Planolandia, 121
Poesía, 73
Polinomios, 80

Postulado de las
paralelas, 60, 118-119
Postulados, 60
Potencias, 33-36
Principia Mathematica,
139-140
Probabilidad, 67, 156-158
Ptolomeo, 82
Pueblo aborigen, 9 -13
P-valor, 154-155, 158

Qalasadi, Abu'l Hasan al-,
81
Qurra, Thabit ibn, 85

Ramanujan, Srinivasa, 76
Riemann, Georg, 119
Russell, Bertrand, 136

Saccheri, G., 118
Samaw'al, ibn Yahya al-,
36, 79
Sección cónica, 95
Seno, 82, 99, 117
Shu Chiu Chang, 65
Símbolos como números,
véase Pictogramas
Sistema:
de numeración maya,
14
Internacional, 49
métrico, 50
Sistemas de ecuaciones,
47, 69
y los chinos, 62
Subconjuntos, 133

Tabla:
de multiplicar, 125
de sumas, 125
Tales de Mileto, 54
Tangente, 83

Teorema:
de los cuatro colores,
147-148
del binomio, 66
Teoremas, 60
Teoría:
de números, 85, 149-
51
del caos, 145
Topología, 147-148
Triángulo de Pascal, 66-
67
Triángulos, 53, 84, 86
esféricos, 84, 86
Trigonometría, 77
descubrimiento de la,
82-86, 89
Tsu Ch'ung-Chih, 63
Tsu Keng-Chih, 63
Turing, Alan, 141-142
Tusi, Nasir al-Din al-, 86

Unión, 125

Valor:
de cambio, 102
de la posición, 18
Variables, 42, 43-44, 46-
47, 96
Velocidad:
instantánea, 103
medida de la, 102-110
Verdad, matemáticas
como, 136-138

Wafa, Abu, 84
Wiles, Andrew, 150

Yang Hui, 66
Yoruba, 11
Yunus, Ibn, 85

Zenón de Elea, 56-58

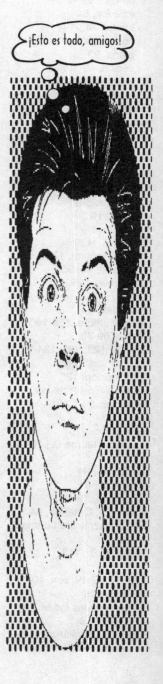

¡Esto es todo, amigos!